JavaOOP

项目式教程

主　编　唐子蛟　陈书光　赵　杰
副主编　王丽娟　姜思佳　刘　丹　万　青

- 项目贯穿，产学同步，双线并行，学做合一
- 任务驱动，因势利导，随用随学，边学边做
- 目标明确，结构清晰，去芜存菁，突出重点
- 图文并茂，通俗易懂，资料丰富，检索方便

郑州大学出版社

图书在版编目(CIP)数据

JavaOOP 项目式教程 / 唐子蛟，陈书光，赵杰主编. — 郑州 ：郑州大学出版社，2022. 6(2025. 1 重印)

ISBN 978-7-5645-8479-5

Ⅰ. ①J… Ⅱ. ①唐…②陈…③赵… Ⅲ. ①JAVA 语言 - 程序设计 Ⅳ. ①TP312. 8

中国版本图书馆 CIP 数据核字(2021)第 279791 号

JavaOOP 项目式教程
JavaOOP XIANGMUSHI JIAOCHENG

策划编辑	孙理达	封面设计	苏永生
责任编辑	黄世昆	版式设计	苏永生
责任校对	孙理达	责任监制	朱亚君

出版发行	郑州大学出版社	地　　址	河南省郑州市高新技术开发区长椿路 11 号(450001)
出 版 人	卢纪富		
经　　销	全国新华书店	网　　址	http://www. zzup. cn
印　　刷	郑州宁昌印务有限公司	发行电话	0371-66966070
开　　本	787 mm×1 092 mm　1 / 16		
印　　张	9. 25	字　　数	216 千字
版　　次	2022 年 6 月第 1 版	印　　次	2025 年 1 月第 2 次印刷

书　　号	ISBN 978-7-5645-8479-5	定　　价	39. 00 元

作者名单

主　　编　唐子蛟　陈书光　赵　杰

副 主 编　王丽娟　姜思佳　刘　丹　万　青

前　言

本书主要讲授 Java 面向对象思想及其实现，以《柳橙汁美食家管理系统》项目案例贯穿全书，将项目开发过程与知识学习结合起来，同步推进，随用随学，边学边做。

全书以《柳澄汁美食家管理系统》为贯穿项目，按开发过程划分为 6 个阶段，每个阶段分别对应相应的知识模块。每个阶段(模块)，以需求问题为起点，通过分析问题、明确开发任务激发求知欲，进而通过学习探究、实现任务及验证成果等环节，学习掌握新知识，同时在此过程中完成项目实践，掌握新技能并能初步应用。

本书的主要内容包括：商品与会员的表示(类与对象)、实现 VIP 会员(类的继承与多态)、实现商品列表和会员列表(对象数组)、防范商品与会员数量超出范围(异常处理)、实现动态增删商品与会员(ArrayList)、实现购物下单(HashMap)。另外，为了便于读者对项目整体架构、项目开发流程、所涉及的知识点等有清楚的认识，本书还撰写了项目概述、附录等内容，并提供了大量的图、表和程序代码，可以帮助读者深入理解和掌握 JavaOOP，培养读者的程序设计能力和项目实战能力。

本书适合 Java 面向对象程序设计初学者，尤其适合作为职业院校 Java 面向对象程序设计课程的教材。

目　录

项目概述

随着信息产业的快速发展，高效与经济的管理已经成为现实，越来越多的餐馆使用点餐系统对餐厅进行管理。《柳橙汁美食家管理系统》是一个简单的餐馆管理系统，包括在线点餐及商品和会员的信息管理、维护等功能。

本系统主要是基于面向对象的思想，使用 Java 技术进行开发，直接显示命令行界面，无数据库。

本系统的开发，主要涉及面向对象编程思想、类与对象、继承与多态、对象数组、异常处理、集合框架(ArrayList 和 HashMap)等知识点，适合于 JavaOOP 初学者学习和实践。

一、开发环境与技术

操作系统：不限，建议 WindowsXP 及以上。
开发平台：不限，建议 Eclipse。
JDK：JDK8 及以上。

二、运行界面和功能概览

本程序在控制台(命令行)运行，其界面和功能如下。

1."主菜单"界面：主菜单和后台管理二级菜单可循环选择，如图 1 所示。

```
****************柳橙汁美食家管理系统******************

                ---主菜单---
                [1]   我要点餐
                [2]   查看商品
                [3]   查看会员
                [4]   后台管理
                [0]   退出系统

请选择[0、1、2、3、4]：
```

图 1 "主菜单"界面

2."查看商品"界面：以列表形式显示所有的商品及其基本信息，如图 2 所示。

```
------------------2.查看商品------------------

商品编号  商品名称        商品价格  库存数量  商品描述      上架时间
1         原味螺蛳粉      7.5       1000      地方特色      2020-04-02
2         鸭脚            3.0       500       下酒好货      2020-04-05
3         卤鸡蛋          2.0       300       营养可口      2020-04-05
4         干捞螺蛳粉      8.0       800       别样风味哦    2020-04-06
5         鲜榨橙汁        5.0       200       常温或加冰    2020-04-06
6         豆浆            1.0       200       常温          2020-04-07
7         王老吉          3.0       500       解辣凉药      2020-04-08
请按 任意键+回车 返回主菜单...
```

图 2　“查看商品”界面

3.“查看会员”界面：以列表形式显示所有的会员及其基本信息，如图 3 所示。

```
------------------3.查看会员------------------

序号    姓名      卡号      积分     是否VIP
1       黄药师    111       8000     白银
2       欧阳锋    222       4500
3       段皇爷    333       4800
4       洪七公    444       8000     白银
5       王重阳    555       10000    黄金
6       杨过      601       10000    黄金
7       小龙女    602       5000
8       郭靖      777       10000    黄金
9       周伯通    888       10000    黄金
请按 任意键+回车 返回主菜单...
```

图 3　“查看会员”界面

4.“我要点餐”界面：输入会员卡号，选购商品（循环点餐），统计并提交订单，显示订单，如图 4 至图 9 所示。

```
--------------------1.我要点餐--------------------

--请输入您的卡号：555
会员姓名：王重阳 卡号：555   积分：10000   黄金会员
-----可选购的商品列表-----
商品编号  商品名称      商品价格  库存数量  商品描述      上架时间
1        原味螺蛳粉      7.5     1000     地方特色      2020-04-02
2        鸭脚            3.0     500      下酒好货      2020-04-05
3        卤鸡蛋          2.0     300      营养可口      2020-04-05
4        干捞螺蛳粉      8.0     800      别样风味哦    2020-04-06
5        鲜榨橙汁        5.0     200      常温或加冰    2020-04-06
6        豆浆            1.0     200      常温          2020-04-07
7        王老吉          3.0     500      解辣凉药      2020-04-08

--请输入您选购的商品编号（0表示结束）：4
--请输入购买此商品的数量：2
```

图4 “我要点餐”界面1

```
-----可选购的商品列表-----
商品编号  商品名称      商品价格  库存数量  商品描述      上架时间
1        原味螺蛳粉      7.5     1000     地方特色      2020-04-02
2        鸭脚            3.0     500      下酒好货      2020-04-05
3        卤鸡蛋          2.0     300      营养可口      2020-04-05
4        干捞螺蛳粉      8.0     798      别样风味哦    2020-04-06
5        鲜榨橙汁        5.0     200      常温或加冰    2020-04-06
6        豆浆            1.0     200      常温          2020-04-07
7        王老吉          3.0     500      解辣凉药      2020-04-08

--请输入您选购的商品编号（0表示结束）：2
--请输入购买此商品的数量：5
```

图5 “我要点餐”界面2

```
-----可选购的商品列表-----
商品编号  商品名称      商品价格  库存数量  商品描述      上架时间
1        原味螺蛳粉      7.5     1000     地方特色      2020-04-02
2        鸭脚            3.0     495      下酒好货      2020-04-05
3        卤鸡蛋          2.0     300      营养可口      2020-04-05
4        干捞螺蛳粉      8.0     798      别样风味哦    2020-04-06
5        鲜榨橙汁        5.0     200      常温或加冰    2020-04-06
6        豆浆            1.0     200      常温          2020-04-07
7        王老吉          3.0     500      解辣凉药      2020-04-08

--请输入您选购的商品编号（0表示结束）：7
--请输入购买此商品的数量：1
```

图6 “我要点餐”界面3

```
-----可选购的商品列表-----
商品编号    商品名称            商品价格   库存数量   商品描述          上架时间
1           原味螺蛳粉          7.5        1000       地方特色          2020-04-02
2           鸭脚                3.0        495        下酒好货          2020-04-05
3           卤鸡蛋              2.0        300        营养可口          2020-04-05
4           干捞螺蛳粉          8.0        798        别样风味哦        2020-04-06
5           鲜榨橙汁            5.0        200        常温或加冰        2020-04-06
6           豆浆                1.0        200        常温              2020-04-07
7           王老吉              3.0        499        解辣凉药          2020-04-08

--请输入您选购的商品编号（0表示结束）：2
--请输入购买此商品的数量：3
```

图7　“我要点餐”界面4

```
-----可选购的商品列表-----
商品编号    商品名称            商品价格   库存数量   商品描述          上架时间
1           原味螺蛳粉          7.5        1000       地方特色          2020-04-02
2           鸭脚                3.0        492        下酒好货          2020-04-05
3           卤鸡蛋              2.0        300        营养可口          2020-04-05
4           干捞螺蛳粉          8.0        798        别样风味哦        2020-04-06
5           鲜榨橙汁            5.0        200        常温或加冰        2020-04-06
6           豆浆                1.0        200        常温              2020-04-07
7           王老吉              3.0        499        解辣凉药          2020-04-08
--请输入您选购的商品编号（0表示结束）：0
```

图8　“我要点餐”界面5

```
--请输入您选购的商品编号（0表示结束）：0

*********************购物小票*****************************

---------------------购买商品-----------------------------
序号   商品编号   商品名称          单价     购买数量   金额小计
1      4          干捞螺蛳粉        8.0      2          16.0
2      2          鸭脚              3.0      8          24.0
3      7          王老吉            3.0      1          3.0
---------------------合计---------------------------------
笔数：3   总数量：11 总金额：43.0
---------------------会员---------------------------------
会员姓名：王重阳 卡号：555   积分：10000   黄金会员
折后总金额：38.70     本次积分：387      剩余总积分：10387

**********************************************************
请按 任意键+回车 返回主菜单...
```

图9　“我要点餐”界面6

5."后台管理"界面:包括9个二级菜单,分别对商品和会员进行查、增、删、改,以及"返回上级"菜单,如图10所示。

```
*****************柳橙汁美食家管理系统******************

                    ---4.后台管理---
                    [1]    查看商品
                    [2]    添加商品
                    [3]    删除商品
                    [4]    修改商品
                    [5]    查看会员
                    [6]    添加会员
                    [7]    删除会员
                    [8]    修改会员
                    [0]    返回上级

    请选择[0-8]:
```

图10 "后台管理"界面

6."添加商品"界面:可向商品列表中添加新的商品及其基本信息,添加会员功能同此,如图11所示。

```
-------------------4.2.添加商品-------------------

--添加商品--
请输入 商品编号:
101
请输入 商品名称:
豆浆
该名称已存在, 请重新输入......
请输入 商品名称:
绿豆沙
请输入 商品价格:
2
请输入 商品描述:
解热解毒
请输入 库存数量:
80
请输入 创建时间:
2020-08-18
已添加商品:
商品编号    商品名称        商品价格    库存数量    商品描述        上架时间
101         绿豆沙          2.0         80          解热解毒        2020-08-18

请按 任意键+回车 返回菜单...
```

图11 "添加商品"界面

7. “删除商品”界面：可在商品列表中删除指定的商品，删除会员功能同此，如图 12 所示。

```
-------------------4.3.删除商品-------------------

--可删除的商品列表--
商品编号    商品名称              商品价格    库存数量    商品描述          上架时间
1           原味螺蛳粉            7.5         1000        地方特色          2020-04-02
2           鸭脚                  3.0         500         下酒好货          2020-04-05
3           卤鸡蛋                2.0         300         营养可口          2020-04-05
4           干捞螺蛳粉            8.0         800         别样风味哦        2020-04-06
5           鲜榨橙汁              5.0         200         常温或加冰        2020-04-06
6           豆浆                  1.0         200         常温              2020-04-07
7           王老吉                3.0         500         解辣凉药          2020-04-08
101         绿豆沙                2.0         80          解热解毒          2020-08-18
请输入欲删除的 商品编号：
4
你要删除的商品是：
商品编号    商品名称              商品价格    库存数量    商品描述          上架时间
4           干捞螺蛳粉            8.0         800         别样风味哦        2020-04-06
确定要删除吗？ [ y-是，其它-否 ]
y
已删除该商品

请按 任意键+回车 返回菜单...
```

图 12　“删除商品”界面

8. “修改会员”界面：可修改会员列表中指定的某个会员信息，修改商品功能同此，如图 13 和图 14 所示。

```
-------------------4.8.修改会员-------------------

--可修改的会员列表--
序号        姓名              卡号              积分        是否VIP
1           黄药师            111               8000        白银
2           欧阳锋            222               4500
3           段皇爷            333               4800
4           洪七公            444               8000        白银
5           王重阳            555               10000       黄金
6           杨过              601               10000       黄金
7           小龙女            602               5000
8           郭靖              777               10000       黄金
9           周伯通            888               10000       黄金
请输入欲修改的 会员卡号：
7
该卡号不存在，请重新输入......
```

图 13　“修改会员”界面 1

```
请输入欲修改的 会员卡号:
602
你要修改的会员是:
会员姓名:小龙女 卡号:602   积分:5000
请输入修改后的 会员姓名:
龙儿
请输入修改后的 积分:
5555
请输入修改后的 VIP会员级别:[0-非VIP会员 1-白银会员 2-黄金会员]
1
修改后的会员是:
会员姓名:龙儿 卡号:602   积分:5555    白银会员
确定要修改吗? [ y-是, 其它-否 ]
y
已修改该会员

请按 任意键+回车 返回菜单...
```

图14 “修改会员”界面2

9.“查看会员”界面:与主菜单中的查看会员功能相同,查看商品功能同此。如图15所示。

```
------------------4.5.查看会员------------------
序号      姓名          卡号          积分      是否VIP
1         黄药师        111           8000      白银
2         欧阳锋        222           4500
3         段皇爷        333           4800
4         洪七公        444           8000      白银
5         王重阳        555           10000     黄金
6         杨过          601           10000     黄金
7         郭靖          777           10000     黄金
8         周伯通        888           10000     黄金
9         龙儿          602           5555      白银

请按 任意键+回车 返回菜单...
```

图15 “查看会员”界面

三、项目阶段划分

为了便于初学者学习,本项目分为六个部分来实现,每个部分的目标、任务和主要知识点如表1所示。

表 1 项目开发各阶段目标、任务和主要知识点

项目阶段	目标	任务	主要知识点
项目阶段一	商品与会员的表示	用面向对象的思想对系统进行分析和设计并实现基础功能： 1. 用面向对象的思想，搭建系统框架结构 2. 用类来描述商品和会员，实现商品和会员的存储与输出显示 3. 实现菜单及人机交互界面	模块一 类与对象 1. 面向对象思想 2. 类与对象 3. 系统框架设计 4. 菜单显示与循环控制
项目阶段二	实现 VIP 会员	在会员的基础上派生 VIP 会员： 1. 设计 VIP 会员类 2. 创建普通会员和 VIP 会员 3. 用访问权限封装类的成员	模块二 类的继承与多态 1. 类的继承与多态性 2. 访问权限控制 3. 反射机制
项目阶段三	实现商品与会员列表	实现大量对象的保存与批量操作： 1. 用对象数组来表示表示大量商品和会员 2. 实现输入（添加）商品和会员功能 3. 实现列表显示商品和会员功能	模块三 对象数组 1. 对象数组的定义与初始化 2. 对象数组的引用 3. 对象数组的遍历
项目阶段四	防范商品与会员数量越界	对可能发生的异常情况进行预防： 1. 针对数组下标越界的异常处理	模块四 异常处理 1. 异常处理机制 2. try-catch-finlly 的使用
项目阶段五	实现商品与会员的动态管理	实现商品和会员的查、增、删、改： 1. 用 ArrayList 来表示大量商品和会员 2. 实现商品和会员的查、增、删、改等功能 3. 实现列表显示商品和会员功能	模块五 ArrayList 1. 集合框架 2. ArrayList 及其使用 3. 泛型类
项目阶段六	实现购物下单	实现点餐过程（购物过程）和相关的功能： 1. 设计订单类（实体类和业务类） 2. 用 HashMap 来表示购物车 3. 设计点餐过程（购物过程）算法 4. 实现订单的列表显示功能	模块六 HashMap 1. HashMap 及其使用 2. 包装类 3. 增强型 for 语句 4. 算法设计与编程技巧

四、其他说明

商场的销售行为跟本系统中的点餐过程类似，因此我们可以把上述餐馆点餐的行为扩展到一般的商场购物行为，即：餐馆就是商场，点餐就是购物，菜品就是商品，菜谱就是商品目录或商品列表，点餐单就是购物车，结账单就是订单或购物小票……

学习者可以在本系统的基础上加以扩展，以适用于其他应用场景；也可以在本系统的基础上，修改、迁移到 B/S 结构平台上，作为 JSP、APP 等开发项目的学习案例。

项目阶段一

商品与会员的表示(类与对象)

一、问题描述

《柳橙汁美食家管理系统》能实现多种功能,如查看商品和会员信息,对商品和会员进行查询、添加、修改、删除,购买商品等,这些功能都是围绕着商品和会员来进行。商品和会员在编程语言中该如何表示?针对商品和会员的操作该如何表示?人机该以什么方式进行交互?这就是本项目阶段我们要解决的主要问题。

二、问题分析

无论是商品还是会员,其本身是一种复杂的数据类型,比如商品包括商品编号、商品名称、商品价格、库存数量、商品描述、上架时间等信息,而会员包括姓名、卡号和积分等信息,如图 16 和图 17 所示。

```
-------------------2.查看商品-------------------

商品编号    商品名称            商品价格    库存数量    商品描述        上架时间
1           原味螺蛳粉          7.5         1000        地方特色        2020-04-02
2           鸭脚                3.0         500         下酒好货        2020-04-05
3           卤鸡蛋              2.0         300         营养可口        2020-04-05
4           干捞螺蛳粉          8.0         800         别样风味哦      2020-04-06
5           鲜榨橙汁            5.0         200         常温或加冰      2020-04-06
请按 任意键+回车 返回主菜单...
```

图 16 “查看商品”界面

```
--------------------3.查看会员--------------------
姓名            卡号            积分
黄药师          111             8000
欧阳锋          222             4500
段皇爷          333             4800
洪七公          444             8000
王重阳          555             10000
请按 任意键+回车 返回主菜单...
```

图 17　“查看会员”界面

围绕着商品和会员,我们可以进行很多操作,比如查询、添加、修改、删除商品/会员信息,购物行为,计算金额和积分等。对于某个商品或某位会员来说,既包含有很多信息,又具有很多可操作性或行为;能进行什么操作以及什么时候进行什么操作,取决于系统及其自身当时的状态。事实上,现实世界中的事物,都具有这样的特征——即事物的属性及其行为是一个整体。

由上,我们可以以一种“回归自然”的思维方式来分析和解决问题,其思想就是:遵从现实世界中事物的本质(属性和行为是一个整体)及相互之间的关系,在程序中再现它们在现实世界中的模样和行为方式,从而用程序模拟出整个系统及其运行规律。这就是面向对象的程序设计思想。类和对象是面向对象思想的基本概念。

本项目阶段的主要任务,就是用面向对象思想分析问题,搭建系统框架结构,用类来表示商品和会员,并在此基础上,实现商品和会员对象的创建、初始化、输出显示等操作。另外,设计系统菜单和运行界面,实现良好的人机交互功能。

三、确定任务

基于以上分析,本项目阶段的开发任务具体包括:

1. 用面向对象的思想,对系统进行分析,搭建系统框架结构。

2. 用类来描述商品和会员。

3. 为商品和会员设计初始化方法和输出方法。

4. 实现菜单及其循环控制,通过菜单项“显示商品”和“显示会员”分别实现商品和会员的列表显示。

四、学习探究

本项目阶段需要在全面掌握 Java 面向对象程序设计相关基本知识的基础上,才能进行系统的搭建和开发。

知识点 1　面向对象思想

Java 是一种面向对象的程序设计语言。面向对象(Object-Oriented,简称 OO)是一种程序设计思想，要理解什么是面向对象，需要与面向过程作对比。

面向过程是一种以过程为中心的程序设计思想，也就是分析出解决问题所需要的步骤，然后用程序代码把这些步骤一个一个实现。比如：汽车启动是一个事件，汽车行驶是一个事件，汽车到站又是另一个事件。编写程序时，我们为汽车启动、行驶、到站这三个事件分别编写相应的代码，然后把按顺序串起来就行了。在编写程序的过程中，我们关心的是某一个事件，而不是汽车本身。在面向过程的解题过程中，编程人员是总指挥，他们控制着程序的执行过程，决定了所有的操作步骤和流程。

可是，我们经常发现，对于同一事件，不同的事物可能会有不同的操作方式。比如：对于汽车到站这一事件，手动档汽车是这样操作的：踩刹车以减速、减档，重复这个过程直到最后挂空档、驻车；而自动档汽车则是这样操作的：一直踩刹车以减速，直到最后挂空档、驻车。也就是说，事物本身的属性（如车型、档位等特征）及其行为（如启动、行车、到站等事件）是相关联的，不同的事物将对应着不同的操作，用面向过程的思想将无法在程序中描述和维持这个关联性。

另外，有些问题涉及很多不同的事物，它们相互作用，共同影响，事件过程是不可预知的。比如：就《柳橙汁美食家管理系统》来说，商家什么时候上架新商品、上架哪个商品、定价如何等是商家的事；某个顾客（会员）是否购买商品、什么时候购买、购买什么商品、购买多少等是顾客的事，双方无法预知交易过程，编程人员当然也不能够提前预知，所以无法对买卖这个事件的执行过程进行安排。也就是说，事物的行为具有不可预知性，系统的运行具有不确定性，编程人员在编程阶段，无法预先设定各个事物的出场顺序及其行为。

由于上述问题的存在，催生了面向对象的程序设计思想，它在思维方式和解题方式上是“回归自然”，其基本观点有以下几点。

1. 事物往往需要用复杂的数据和行为来表示，我们称为对象。对象包括属性（数据）和方法（行为）。

2. 对象是一个整体，而不是撕裂的：把对象的属性和方法封装起来，作为一个整体。

3. 万物皆对象：把一切事物都当成对象来看待。

4. 物以类骤，对象需要分类管理：用类来规定对象的属性及方法。

基于上述基本观点，面向对象的程序设计思想，认为对象的操作是对象自己的事情，在程序中定义与现实世界中相一致的事物——类和对象，对象按系统状态决定自身的行为。

用面向对象思想来描述道路交通控制系统，以汽车为例：首先，设计汽车类，规定颜色、轮胎等属性，规定启动、行驶、到站等方法；其次，以汽车类为基类，派生出不同的汽车子类，比如手动档汽车类、自动档汽车类等，并为每个汽车子类重写启动、行驶、到站等方法（如果有必要的话）；然后，根据实际需要，创建具体的汽车对象，比如宝马 X5、五菱宏光等。最后通过对象引用其自身的启动、行驶、到站等方法。其他对象（道路拥堵情况、交通信号灯、乘客、行为等）也进行类似的设计。在编程过程中，程序员将控制权交还给对象本身，所有事件的发生，都由对象引发。程序员专注于分析各个事物类之间、各个对象之间的关系，在程序中再现它们在现实世界中的真实状态和模样、相互关系、对象的行为方式以及整个系统的运行方式。

当然,面向对象并不能取代面向过程,二者是相辅相成的。面向对象虽然从宏观上设计了类的结构和类之间的关系,并通过对象实现各种功能,但具体实现类的方法的功能时,仍然不能完全脱离面向过程的思维方式。离开了面向过程,面向对象也无法从抽象的思维层面落实到现实中来。

面向对象的特性:

1. 封装:对本类的属性和操作进行集中说明,并且对外隐藏部分数据,对数据的访问只能通过特定的方法,从而保护内部状态数据。封装保证了模块具有较好的独立性,使得程序维护修改较为容易。对应用程序的修改仅限于类的内部,因而可以将应用程序修改带来的影响减少到最低限度。比如,定义一个学生类,包括姓名、性别、民族、身份证号、家庭住址等属性,同时将身份证号、家庭住址等属性设为“私有”,不允许其他“任何人”(对象)直接查看,保护个人隐私。但是可以定义一个方法,让“他人”(对象)能查看到身份证号前14位(隐去后4位),也可以定义一个方法,让“他人”能查看到家庭住址所在的城区(隐去具体地址)。

2. 继承:定义新的类时,可以从已有的类中继承代码,实现代码重用。子类可以从父类中继承属性和方法,并且子类可以添加新的属性和方法,使之满足自身的特殊需要。比如,已经定义了学生类,包括了姓名、性别、民族等属性及注册、报到、上课、放假等方法,则可以以之为父类,定义小学生类、中学生类、大学生类等子类,此时只需要增加各科目属性,添加新方法或修改(重写)原有的方法即可。

3. 多态:用单一接口的形式,让不同的对象表现出不同的动作。比如汽车到站这个方法,对于手动档汽车来说,会有减档的操作,而对于自动档汽车来说,则没有减档这个操作,这两个对象在执行同一个方法时表现出了不同的操作行为。

例1　五子棋的面向对象分析。

为了进一步理解面向对象和面向过程的不同,以设计一个五子棋程序为例。

用面向过程的方法设计五子棋程序,需要先分析程序运行步骤(①开始游戏;②黑子先走;③绘制画面;④判断输赢;⑤轮到白子;⑥绘制画面;⑦判断输赢;⑧返回步骤②;⑨输出最后结果),然后将每个步骤用程序来实现即可。

用面向对象的方法设计五子棋程序,需将程序分为三类对象:①黑白双方(两方的行为是一模一样的);②棋盘系统(负责绘制画面);③规则系统(负责判定诸如犯规、输赢等)。第①类对象(玩家对象)负责接受用户输入,并告知第②类对象(棋盘对象)棋子布局的变化。第②类对象(棋盘对象)接收到棋子布局的变化就要负责在屏幕上面显示出这种变化,同时利用第③类对象(规则系统)来对棋局进行判定。

由以上两种方法对比可见,面向对象是以功能来划分问题,而不是步骤。如对于绘制棋局这一行为来说,若使用面向过程的方法设计,该行为分散在了多个步骤中,很可能出现不同的绘制版本;若使用面向对象的方法设计,该行为只在第②类对象(棋盘对象)中出现,从而保证了绘图的统一。同时,功能上的统一保证了面向对象设计的可扩展性。如要加入悔棋功能,若是使用面向过程方法设计,则从输入到判断到显示的若干步骤都要改动,甚至步骤之间的先后顺序都可能需要调整;若是使用面向对象方法设计,则只需改动第②类对象（棋盘对象）即可。第②类对象（棋盘对象）保存了黑白双方的棋谱和落子先后顺序，简单回溯操作即可实现悔棋功能，且不涉及显示和规则部分，改动是局部可控的。

从这个例子可见，面向对象的方法，就是以对象为基本单位去分析、设计以及实现系统。因为它是通过对象来映射现实中的事物，通过对象之间的关系来描述现实事物之间的联系，所以它是一种更为符合人类思维习惯的编程思想。

知识点2　类

1. 类的概念。

在生活中，我们常给事物分类以方便管理。程序中，类（Class）是对现实生活中一类具有共同特征的事物的抽象划分，是面向对象程序设计（OOP，Object - Oriented Programming）实现信息封装的基础。类的实质是一种引用数据类型，类似于 byte、short、int、char、long、float、double、boolean 等基本数据类型，不同的是它是一种复杂的数据类型。比如学生类，是对具有共同属性的一类学生进行描述；汽车类，是对具有共同属性的一类汽车进行描述。

类包括成员属性和成员方法。成员属性是数据说明；成员方法是一组操作数据或传递消息的函数，用于操作自身的成员，比如“学生”可以“上课”，而“水果”则不能。它们封装在类的内部。

例2　生活中的类。

人类：

属性：姓名、性别、民族、身高……

行为：吃、说、唱、跳、工作……

一卡通：

属性：账号、密码、余额……

行为：存款、取款、查询余额……

商品类：

属性：编号、名称、价格、库存数量……

行为：显示商品信息、添加商品、计算总价……

2. 类的定义。

在 Java 中，类要先定义才能使用，如同变量也要先定义才能使用一样。类的定义，又叫类的声明。

定义类的语法格式如图 18 所示。

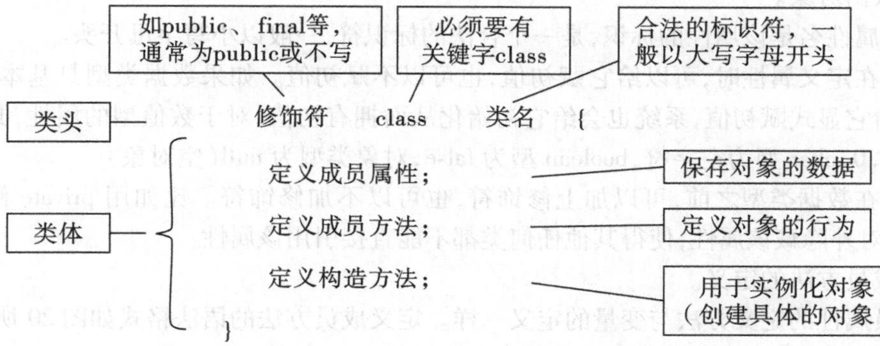

图 18　定义类的语法格式

说明：

(1)class 为定义类的关键字,不可省略。

(2)类名是类的标识,是一个合法的标识符,一般以大写字母开头。

(3)在 class 前可以有修饰符,也可以没有。修饰符用来定义类、方法或者变量,通常使用 public 来修饰,表示该类能被其他任何类所引用。

(4)"{……}"表示类体,其中是类的具体定义。"{……}"之前的部分也称为类头。

(5)类中有两种成员:成员属性(成员变量、数据成员、域等),可以简称为属性,用于保存对象的数据;成员方法,可以简称为方法,用于定义对象的行为或操作。类中的成员属性和成员方法可以有零个或多个。

(6)类中还要定义构造方法,用于创建对象并对对象进行初始化。如果不显式定义构造方法,则系统会提供默认的构造方法。

3. 成员属性的定义。

成员属性的定义方法与变量的定义一样。定义成员属性的语法格式如图 19 所示。

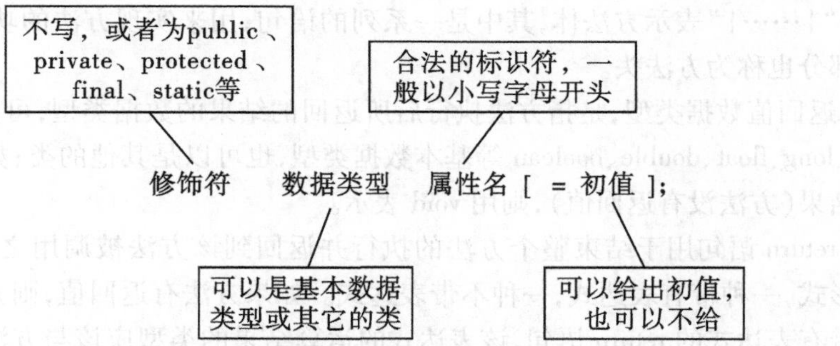

图 19　定义成员属性的语法格式

说明：

(1)数据类型用于定义该属性所能保存的数据的类型,可以是 byte、short、int、char、long、float、double、boolean 等基本数据类型,也可以是其他的类,此时表示该属性又是一个复杂的数据对象。

(2)属性名是该属性的标识,是一个合法的标识符,一般以小写字母开头。

(3)在定义属性时,可以给它赋初值,也可以不赋初值。如果数据类型是基本类型,即使不给它显式赋初值,系统也会给它初始化从而拥有初值,对于数值型的属性,其初值为 0 或 0.0,char 型为空字符,boolean 型为 false,对象类型为 null(空对象)。

(4)在数据类型之前,可以加上修饰符,也可以不加修饰符。比如用 private 修饰属性,可以对外隐藏该属性,使得其他任何类都不能直接引用该属性。

4. 成员方法的定义。

成员属性的定义方法与变量的定义一样。定义成员方法的语法格式如图 20 所示。

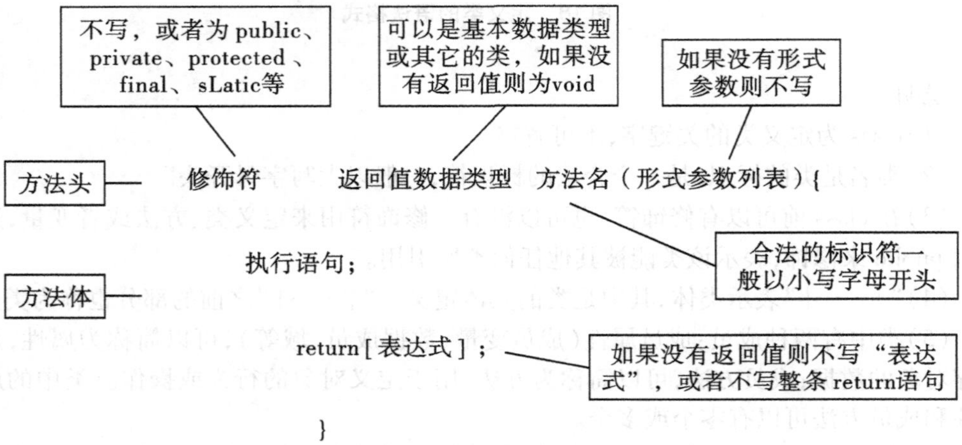

图 20　定义成员方法的语法格式

说明:

(1)方法名是该方法的标识,是一个合法的标识符,一般以小写字母开头。

(2)“{……}”表示方法体,其中是一系列的语句,用来实现方法的功能。“{……}”之前的部分也称为方法头。

(3)返回值数据类型,是指方法执行后所返回的结果的数据类型,可以是 byte、short、int、char、long、float、double、boolean 等基本数据类型,也可以是其他的类;如果方法运行后不返回结果(方法没有返回值),则用 void 表示。

(4)return 语句用于结束整个方法的执行并返回到该方法被调用之处。return 语句有两种形式,一种带有表达式,一种不带表达式。如果方法有返回值,则方法体中至少包含一条带有表达式的 return 语句,该表达式的运算结果的类型应该与方法头部的返回值数据类型相一致;如果方法没有返回值(返回值类型为 void),则方法体中可以不写任何 return 语句,也可以使用不带表达式的 return 语句。在方法体中可以有多条 return 语句,无论执行到哪一条 return 语句,都可以使方法结束并返回。

(5)形式参数,是指在调用方法时,需要接收的外部数据。因为这个参数并不是真正的数据,只有当方法执行时,才会给方法真正的、实际的数据,所以称之为形式参数(简称形参),实际上就是变量;相对地,当调用方法时给出的参数是真正的、实际的数据,此时的参数称之为实际参数(简称实参),可以是常量、变量或表达式。

(6)根据实际需要,形式参数可有可无。如果有多个形式参数,每个形式参数都需要单独说明其数据类型(就象定义变量一样),形式参数之间用逗号隔开。"形式参数列表"的格式如下:

数据类型1　形式参数1, 数据类型2　形式参数2, ...

其中"数据类型"可以是基本数据类型,也可以是其他的类。

(7)在返回值数据类型之前,可以加上修饰符,也可以不加修饰符。比如用 private 修饰方法,可以对外隐藏该方法,使得其他任何类都不能直接调用该方法;而如果用 public 修饰方法,则使得其他类可以直接调用该方法。

5. 构造方法。

构造方法是与类同名的方法,也就是方法名和类名相同。构造方法主要用于创建对象及对对象进行初始化。

构造方法的定义与其他方法类似,但也有不同之处。构造方法的定义如图21所示:

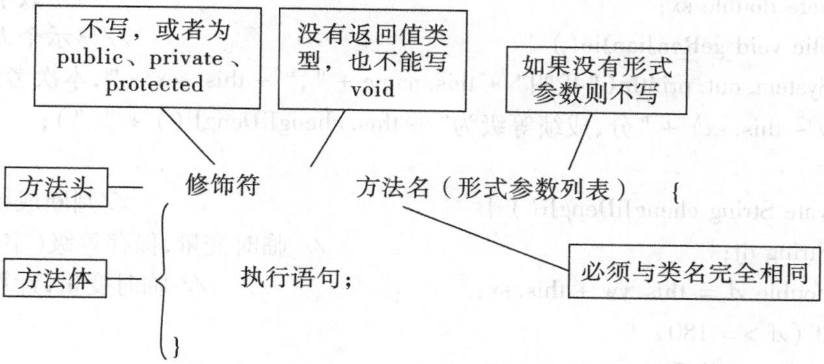

图21　定义构造方法的语法格式

说明:

(1)当一个类没有定义构造方法时,系统提供默认的构造方法,默认的构造方法没有形式参数,也不做任何操作,此时相当于按如下格式进行显式定义:

```
方法名( ) {
}
```

(2)如果在类中定义了任意一个构造方法,则系统不再提供默认的构造方法。

(3)构造方法的方法名,必须与类名完全相同。

(4)构造方法可以有形式参数,也可以没有。

(5)构造方法可以不用任何修饰符来修饰,也可以用 public、private、protected 来修饰。

(6)一般情况,我们在定义有参的构造方法时,设计与成员属性相对应的形式参数,并在方法体内,将形式参数赋值给成员属性。

(7)在该类之外,可以用“new　构造方法(实际参数列表)”来调用该构造方法。当构造方法被调用时,实际参数的值将传递给形式参数,从而可以使用外部数据对成员属性进行初始化。如果在构造方法(不管有参或无参)的方法体内,并未对成员属性进行赋值,则系统按照默认的方式给成员属性进行初始化(数值型为 0 或 0.0,字符型为空字符,布尔型为 false,对象类型为 null)。

例 3　定义学生类。

要求:包括姓名、性别、语文成绩、数学成绩 4 个属性;包括一个“显示个人简介”方法,用于显示个人信息;包括一个“判断成绩等级”方法,用于判断两科成绩总分所属的等级;包括一个有参的构造方法,用于给 4 个属性传递值。

通过分析需求,可参照下面的代码来设计。

```
public class Student {
  private String name;                                    // 姓名
  private String sex;                                     // 性别
  private double yw;                                      // 语文成绩
  private double sx;                                      // 数学成绩
  public void geRenJianJie( ) {                           //显示个人简介
    System. out. println( "我叫" + this. name + "," + this. sex + ",本次考试总分为"
+ (this. yw + this. sx) + "分,成绩等级为" + this. chengJiDengJi( ) + "。") ;
  }
  private String chengJiDengJi( ) {                       //判断成绩等级
    String dj;                          // 临时变量,保存等级(字符串)
    double zf = this. yw + this. sx;                // 临时变量,计算总分
    if (zf >= 180) {
      dj = "优秀";
    } else if (zf >= 160) {
      dj = "良好";
    } else if (zf >= 140) {
      dj = "中等";
    } else if (zf >= 120) {
      dj = "及格";
    } else {
      dj = "不及格";
    }
  return dj;                                    // 返回等级(字符串)
  }
  Student(String name, String sex, double yw, double sx) {    // 构造方法
    this. name = name;
    this. sex = sex;
```

```
        this.yw = yw;
        this.sx = sx;
    }
}
```

在上面的代码中,定义的类名为 Student,用 public 修饰。定义了 4 个成员属性,其类型分别为 String 型和 double 型,并全部用 private 修饰。成员方法"显示个人简介"命名为"geRenJianJie",没有返回值,也没有形式参数,用 public 修饰。成员方法"判断成绩等级"命名为"chengJiDengJi",有返回值,返回值类型为 String,没有形式参数,用 private 修饰。在方法"geRenJianJie"中,引用了本类中的 4 个属性和"chengJiDengJi"方法,并将它们输出来。另外,在类中还定义了一个带有形式参数的构造方法,将形式参数接收的数据分别赋值给 4 个成员属性(使用外部数据对成员属性进行了初始化)。需要说明的是,形式参数的名称虽然与成员属性的名称相同,但它们是两个不同的东西,只是同名而已。

6. 属性的封装。

封装是面向对象的三大特性之一。对属性进行封装的目的不是不让外部访问,而是不能直接访问,在经过安全处理或规范处理之后再访问,这对对象起到保护作用。通过访问权限修饰符对成员属性和成员方法进行访问权限的设置,可以达到封装的目的(关于访问权限修饰符,详见项目阶段二中学习探究的知识点 5)。通常用 private 修饰成员属性,使之只能在本类的方法中被引用,然后再在类里定义 Setter 和 Getter 方法,以对成员属性进行间接的引用。

Setter 方法,是指类中对成员属性进行设置值操作(赋值)的方法,一般用 setXX 的形式来命名,这里的 XX 就是属性的名称,从 setXX 这个名称上就能直接看出是对哪个属性进行设置。通常,对于那些主要用于存储和管理内部信息的类(实体类),我们要为它们的所有成员属性定义 Setter 方法。

与 Setter 方法类似,Getter 方法是指类中对成员属性进行取值操作的方法,一般用 getXX 的形式来命名,Getter 方法要有返回值。通常,我们也为实体类的所有成员属性定义 Getter 方法。

出于安全访问、规范存取数据的目的,我们可以在 Setter 方法和 Getter 方法中,对成员属性进行必要的处理,比如隐去私密数据、对数据进行规范化处理等。

例 4　定义商品类。

定义商品编号、商品名称、商品价格、库存数量等属性,并对属性进行封装。可参考下面的代码。

```
public class ShangPin {
    private int bianHao;                              // 商品编号
    private String mingCheng;                         // 商品名称
    private float jiaGe;                              // 商品价格
    private int kuCun;                                // 库存数量
    public int getBianHao() {
        return bianHao % 10000;                   // 只能取得编号后 4 位
```

```
    }
    public void setBianHao(int bianHao) {
        this.bianHao = bianHao;
    }
    public String getMingCheng() {
    return mingCheng;
    }
    public void setMingCheng(String mingCheng) {
        if (mingCheng.length() > 5) {
            this.mingCheng = mingCheng.substring(0, 5);    // 只取前 5 个字符
        } else {
            this.mingCheng = mingCheng;
        }
    }
    public float getJiaGe() {
    return jiaGe;
    }
    public void setJiaGe(float jiaGe) {
        if (jiaGe < 0.5f) {                               // 价格不能低于 0.5 元
            jiaGe = 0.5f;
        }
            this.jiaGe = jiaGe;
    }
    public int getKuCun() {
    return kuCun;
        }
    public void setKuCun(int kuCun) {
        if (kuCun < 0) {                                  // 库存不能为负数
            kuCun = 0;
        }
    this.kuCun = kuCun;
    }
    public ShangPin(int bianHao, String mingCheng, float jiaGe, int kuCun) {
        this.setBianHao(bianHao);
        this.setMingCheng(mingCheng);
        this.setJiaGe(jiaGe);
        this.setKuCun(kuCun);
    }
```

```
}
```

在上面的代码中,类 ShangPin 包含 4 个成员属性,全部用 private 修饰,同时为每一个属性定义了对应的 Setter 方法和 Getter 方法;在 Setter 方法和 Getter 方法中,对属性数据进行了一定的处理(截掉部分数据、对数值范围的控制、对负数的处理等)之后再存或取,以确保数据安全。Setter 方法和 Getter 方法全部用 public 修饰,即允许从本类的外部访问 Setter 方法和 Getter 方法,从而可以间接访问被隐藏了的成员属性,当然,这是一种安全、规范的访问。另外,还定义了一个有参的构造方法,该方法通过调用本类中的 Setter 方法对成员属性进行初始化。

7. 实体类与业务类。

我们知道,类既具有属性,也具有方法,它们是一个整体。但是,当现实问题比较复杂时,为了便于系统开发的分工与管理,我们往往在设计类时,将类分为实体类与业务类。其中,实体类将专注于存储和管理内部信息(静态属性),侧重的是描述数据的构成和最基本的存取数据的操作,在系统中主要用于封装数据;业务类则专注于针对实体类的相关操作(动态行为),侧重于描述有哪些业务及如何实现,在系统中主要用于封装行为,即实现各种业务流程。一般情况下,每一种事物对应一个实体类,实体类中只包括成员属性、构造方法、Setters 方法和 Getters 方法;而针对每个实体类有一个对应的业务类,其成员属性中包括用实体类定义的成员,并针对该成员的每个操作(业务)而设计相应的成员方法。

例 5　定义商品业务类。

针对例 4 中的商品类(实体类),设计相应的商品业务类。

```
public class ShangPinDao {
    ShangPin sp;                                    //用商品类来定义成员属性
    void chuShiHua() {                                          // 初始化方法
        sp = new ShangPin(1, "螺蛳粉", "柳州特产", 7.5f, 1000, "2020-04-02");
    }
    void shuChuShangPinLieBiao() {                              //输出方法
        System.out.println("商品名称:" + sp.getMingCheng());
        System.out.println("单价:"    + sp.getJiaGe());
        System.out.println("库存数量:"  + sp.getKuCun());
        ......
    }
    ......                                                      //其他方法
}
```

在上面的代码中,商品业务类“ShangPinDao”是针对商品类“ShangPin”而设计的,用于实现商品类的相关操作(业务流程)。其中,成员属性“sp”用商品类来定义,表示该类是针对这个“sp”对象进行操作的。其后的初始化方法、输出方法等,都是针对“sp”对象而操作或跟“sp”有关。

知识点3　方法重载

现实生活中，我们经常需要进行性质相似或功能相似的操作。比如对两个整数求最大值、对三个整数求最大值，显然这两个操作的功能是相似的，都是求最大值；但是操作数不同，前者是 2 个操作数，后者是 3 个操作数。在 Java 中，可以用方法重载来实现这两个操作。

方法重载，是指在同一个类中定义多个同名的方法。方法的重载，其基本要求是“同名不同参”，具体如下：

1. 同名，是指重载的几个方法，其方法名必须完全相同。

2. 不同参，是指以下三种情况必须要满足其中之一。

(1)形式参数的数量不相同。

(2)形式参数的类型不相同。

(3)形式参数的顺序不相同。

3. 形式参数的名称、方法的返回值类型和修饰符，这三者对方法重载没有影响：

(1)重载的方法，其形式参数的名称可以相同，也可以不相同，这对重载没有影响。Java 只关注形式参数的类型，而不关注其名称。

(2)方法是否有返回值以及返回值的类型是否相同，这对重载没有影响。Java 只关注方法的名称和形式参数。

(3)方法是否用修饰符进行修饰以及所用的修饰符是否相同，这对重载没有影响。

4. 同一个类中的方法才有可能重载，如果是不同类中的同名方法，并不构成方法的重载。

判断几个方法是否重载的顺序(依次进行判断)：

1. 这几个方法是否在同一个类中。不在同一类中的方法不可能重载，否则往下判断。

2. 这几个方法是否同名。如果不同名，也不是重载，否则往下判断。

3. 检查形式参数的个数。如果参数个数不相同，则一定是重载，否则往下判断。

4. 依次对比形式参数：按参数的顺序一一对比，只要有某一对对应的参数的类型不相同，则一定是重载。如果所有对应的参数的类型都相同，则不是重载，事实上会出现“方法重复定义”的语法错误。

构造方法也可以重载，构造方法的重载和其他方法的重载一样，要满足“同名不同参”的规定。

在调用重载的方法时，如何区分调用的是哪个方法呢？系统会根据给出的实际参数，自动调用相匹配的方法，不需要程序员去做人为的判断。

例6　方法的重载。

用重载的方法实现：求两个整数的最大值、求两个实数的最大值、求三个实数的最大值、求一个整数和一个实数的最大值。可参考以下代码。

```
public class ZDZ {
  public int zuiDaZhi(int x, int y) {                    // 整-整
    if (x > y) {
```

```
            return x;
        } else {
            return y;
        }
    }
    public double zuiDaZhi(double x, double y) {                    // 实-实
        if (x > y) {
            return x;
        } else {
            return y;
        }
    }
    public double zuiDaZhi(double x, double y, double z) {          // 实-实-实
        double max;
        if (x > y) {
            max = x;
        } else {
            max = y;
        }
        if (max < z) {
            max = z;
        }
        return max;
    }
    public double zuiDaZhi(int x, double y) {                       // 整-实
        if (x > y) {
            return x;
        } else {
            return y;
        }
    }
    public double zuiDaZhi(double x, int y) {                       // 实-整
        if (x > y) {
            return x;
        } else {
            return y;
        }
    }
```

```
}
```

在上面的程序中,同一个类中有5个名称为"zuiDaZhi"的方法,由于它们的参数各不相同(数量或类型或顺序不相同),所以这5个方法构成了重载。

例7 构造方法的重载。

对于例4中的商品类,我们可以定义重载的构造方法,如下面的代码所示。

```
public class ShangPin {
  ......
  public ShangPin(int bianHao, String mingCheng, float jiaGe, int kuCun) {
                                                                    // 4 个参数
    this.setBianHao(bianHao);
    this.setMingCheng(mingCheng);
    this.setJiaGe(jiaGe);
    this.setKuCun(kuCun);
  }
  public ShangPin(String mingCheng, float jiaGe, int kuCun) {      // 3 个参数
    this.bianHao = (int)(Math.random() * 10000);   // 随机生成商品编号
    this.setMingCheng(mingCheng);
    this.setJiaGe(jiaGe);
    this.setKuCun(kuCun);
  }
  ShangPin() {                                                      //无参数
  }
}
```

在上面的程序中,三个方法都是构造方法,三者名称相同,但形式参数的个数都不相同,所以它们都是重载的构造方法。

知识点4 对象

1.对象的含义。

类的本质是数据类型,而不是真实的数据,所以不存在于内存中,不能自发的起作用,也不能被其他类直接操作。要让类及其成员起作用,就要通过对象来实现,即:只有创建了该类的对象,并通过对象才能操作该类中事先定义好的属性和方法。

结合上文所述,对象是某个类中的具体的事物,代表着复杂的数据。类与对象之间的关系如下。

(1)类是抽象的,是类型;对象是具体的,是实例。

(2)类是具有共同属性和行为的对象的集合。

(3)类可以实例为多个对象,每个对象的属性值不同,行为大同小异。

例8 学生类中的对象。

对于"例3"中的学生类,我们可以实例化出"张三""李四""王五"等对象,这几个对象都有自己的具体的姓名、性别、语文成绩、数学成绩,也具有"显示个人简介""判断成绩

等级”等行为。对于学生类,我们说它的语文成绩是多少分、让它显示个人简介等,是没有意义的,因为类是抽象的,没有具体的数据。只有当我们针对具体的同学(“张三”“李四”“王五”等),才能说他的语文成绩是多少分,并能让系统做“显示个人简介”等操作。

例 9　商品类中的对象。

与上例类似,对于“例 4”中的商品类,可以实例化出“螺蛳粉”“鸭脚”“卤蛋”等对象。在系统中输入的“螺蛳粉”“鸭脚”“卤蛋”等名称数据,只是这些对象中的某个属性值而已,这些对象还包含着它们各自的其他属性值。定义完对象后,我们还可以通过调用这些对象获得所有的属性值及方法。但是,这些对象无论包含多少个属性值、多少个方法,分别是什么样的,都由商品类来定义。

2. 对象的定义与创建

对象需要先定义后才能使用。对象的定义与创建可结合起来进行,如图 22 所示。

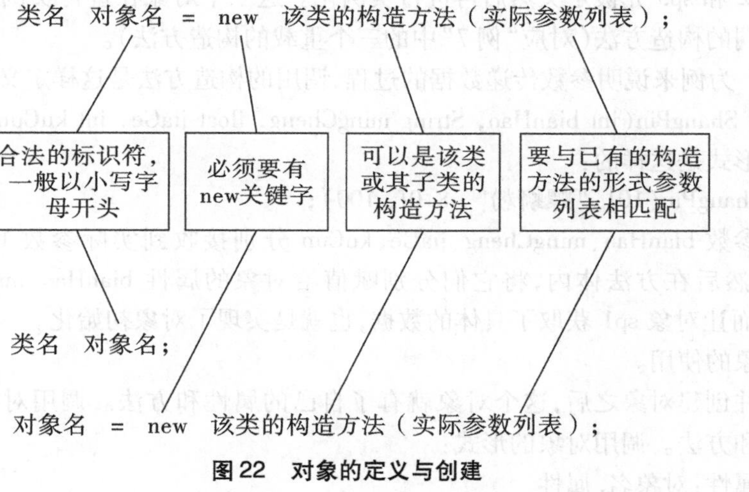

图 22　对象的定义与创建

说明:

(1)定义对象,实际上就是定义一个特殊的变量,这个变量的特殊性就在于它保存的是复杂数据,而不是基本数据类型的数据。对象的定义又叫对象的声明。

(2)创建对象,就是用“new　该类的构造方法(实际参数列表)”来创建具有具体数据的对象,也称为实例化对象。创建对象之后,系统为该对象分配内存空间,该表达式的值是这个空间的地址。有了属于自己的空间之后,对象也就有了自己的属性和行为。

(3)new 之后的构造方法,可以是该类的构造方法,也可以是其子类的构造方法。(详见项目阶段二的知识点 6)

(4)调用构造方法时,“实际参数列表”要与该类中已有的构造方法的“形式参数列表”相匹配。

(5)只有通过 new 关键字调用构造方法,才会在内存中分配一个空间用于存放对象的内容。此时,构造方法的实际参数的值将传递给形式参数,从而可以使用外部数据对对象的成员属性进行初始化或进行其他操作。如果调用的是系统默认提供的无参构造方法,则系统按照默认的方式给对象的成员属性进行初始化。

(6)对象如果只定义不实例化,则它只是一个空对象,没有具体内容,也不能被引用其属性和成员。

例 10　对象的定义与创建。

对于"例 7"中的商品类,我们可以这样定义和创建该类的对象:

```
ShangPin sp1 = new ShangPin(101, "螺蛳粉", 8.0f, 100);
                                          // 定义并创建(4 个参数)
ShangPin sp2, sp3;                                    // 只定义
sp2 = newShangPin("卤蛋", 2.0f, 50);         // 创建(3 个参数)
sp3 = newShangPin();                               // 创建(无参数)
```

这里,定义了三个对象(三个变量):sp1、sp2、sp3。其中 sp1 在被定义的同时进行了实例化;sp2 和 sp3 先被定义然后再进行实例化。这三个对象在进行实例化时,分别使用了三个不同的构造方法(对应"例 7"中的三个重载的构造方法)。

以 sp1 为例来说明参数传递数据的过程,调用的构造方法是这样定义的:

```
public ShangPin(int bianHao, String mingCheng, float jiaGe, int kuCun) { ... }
```

调用形式是这样的:

```
new ShangPin(101,"螺蛳粉", 8.0f, 100);
```

形式参数 bianHao、mingCheng、jiaGe、kuCun 分别接收到实际参数 101、"螺蛳粉"、8.0f、100,然后在方法体内,将它们分别赋值给对象的属性 bianHao、mingCheng、jiaGe、kuCun,从而让对象 sp1 获取了具体的数据,也就是实现了对象初始化。

3. 对象的使用。

定义并创建对象之后,这个对象就有了自己的属性和方法。调用对象,就是调用对象的属性和方法。调用对象的形式:

调用属性:对象名.属性

调用方法:对象名.方法(实际参数列表)

说明:

(1)在类体之外,可以通过该类的对象,调用其成员属性和成员方法。

(2)属性和方法必须是该对象所属的类或继承自其父类中定义的成员属性和成员方法。

(3)属性和方法能否引用,要看在哪引用以及是否具有访问权限。(详见项目阶段二中的知识点 5)

(4)"实际参数列表"可有可无,但要与该方法的"形式参数列表"相匹配。引用方法时,系统按参数顺序将实际参数的数据传递给形式参数,并执行该方法中的语句,如果方法有返回值,则将返回值传回到引用之处。

(5)引用属性和方法,视具体情况可以单独成为一条语句,也可以成为语句中的一部分。

(6)对象只能访问自身的属性和方法,而不能访问别的对象的属性和方法。

例 11　对象的使用(商品)。

对于“例4”和“例7”中的商品类,我们可以定义一个测试类Test,以使用商品类的对象,如下面的代码所示。

```
public class Test {                                                    // 这是测试类
  public static void main(String[ ] args) {
                                                                       // 商品1:
    ShangPin sp1 = new ShangPin(101, "螺蛳粉", 8.0f, 100);
    System.out.println(sp1.getMingCheng() + "的价格是" + sp1.getJiaGe() + "元");
                                                                       // 用于输出
                                                                       // 商品2:
    ShangPin sp2 = new ShangPin("卤蛋", 2.0f, 50);
    int gmsl = 5;                                                      // 购买数量
    float zje = sp2.getJiaGe() * gmsl;
                                              // 用于计算:总金额=价格*购买数量
    System.out.println("购买" + gmsl + "个" + sp2.getMingCheng() + "的总金额是" + zje + "元");
                                                                       // 用于输出
                                                                       // 商品3:
    ShangPin sp3 = new ShangPin();
    sp3.setBianHao(333);                                               // 成为单独的语句
    sp3.setMingCheng("绝味鸭脖");                                      // 成为单独的语句
    System.out.println("商品编号:" + sp3.getBianHao() + "\t商品名称:" + sp3.getMingCheng() + "\t商品价格:" + sp3.getJiaGe() + "\t库存数量:" + sp3.getKuCun());
                                                                       // 用于输出
  }
}
```

运行结果如图23所示:

```
螺蛳粉的价格是8.0元
购买5个卤蛋的总金额是10.0元
商品编号:333        商品名称:绝味鸭脖        商品价格:0.0        库存数量:0
```

图23　“例11”运行结果

上面的程序中,我们定义并实例化了三个对象:sp1、sp2、sp3,并使用这三个对象的对象名来引用其方法。有的引用方法单独成为一条语句,有的成为表达式的一部分,有的用于计算,有的用于输出。由于商品类中的所有属性全部用private进行了修饰,所以我们在Test类中无法引用这些属性。

例12　对象的使用(考生)。

下面用一个考生类和测试类实例代码说明对象的使用。

考生类:

```
public class KaoSheng {                                                // 考生类
```

```
    int kh;                                                       // 考号
    String xm;                                                    // 姓名
    double yw;                                                    // 语文成绩
    double sx;                                                    // 数学成绩
    double yy;                                                    // 英语成绩
    private double zongFen() {                                    // 计算总分,私有方法
        return yw + sx + yy;
    }
    public void fenShuTiao() {                                    // 显示分数条
        System.out.println("考号\t 姓名\t 语文\t 数学\t 英语\t 总分");
        System.out.println(this.kh + "\t" + this.xm + "\t" + this.yw + "\t"+ this.sx
+ "\t" + this.yy + "\t" + this.zongFen());                       //调用本类中的方法
    }
    public String dengJi(double fs) {                             // 判定某一科成绩的等级
        String dj;
        if (fs >= 90) {
            dj = "优秀";
        }
        else if (fs >= 80) {
            dj ="良好";
        }
        else if
        (fs >= 70) {
            dj = "中等";
        } else if
        (fs >= 60) {
            dj = "及格";
        }
        else {
            dj = "不及格";
        }
    return dj;
    }
    KaoSheng(int kh, String xm, double yw, double sx, double yy) {
                                                                  // 构造方法:有参
        this.kh = kh;
        this.xm = xm;
        this.yw = yw;
```

```
        this.sx = sx;
        this.yy = yy;
    }
}
```

测试类：

```
public class Test {                                          // 这是测试类
    public static void main(String[] args) {
        KaoSheng ks1 = new KaoSheng(1905003, "张三", 86, 75.5, 91);
                                                             // 创建对象并实例化
        ks1.fenShuTiao();                                    // 显示分数条
        ks1.xm = "张三丰";                                    // 修改姓名
        ks1.yw = 88;                                         // 修改语文成绩
        ks1.fenShuTiao();                                    // 显示分数条
        System.out.println(ks1.xm + "的英语成绩等级为:" + ks1.dengJi(ks1.yy));
                                                             //输出英语成绩等级
    }
}
```

运行结果如图 24 所示：

```
考号      姓名    语文    数学    英语    总分
1905003  张三    86.0    75.5    91.0    252.5
考号      姓名    语文    数学    英语    总分
1905003  张三丰  88.0    75.5    91.0    254.5
张三丰的英语成绩等级为：优秀
```

图 24　“例 12”运行结果

上面的程序中，考生类定义了 5 个属性和 3 个方法及一个构造方法。在测试类中，我们定义考生类的对象 ks1 并实例化。随后通过引用对象的属性和方法来进行一系列的操作，除了方法 zongFen 用 private 修饰因此不能被引用之外，其他属性和方法都可以被引用。从代码中可见，引用属性和方法，可以作为一条单独的语句，可以给之赋值，可以用在表达式中，可以获取方法的返回值，可以作为另一个方法的实际参数。其中的“ks1.dengJi(ks1.yy)”，是先执行“ks1.yy”以获取英语成绩，然后将这个成绩作为方法 dengJi 的实际参数，从而在调用方法时将英语成绩传递给方法的形式参数以便判定成绩等级，该方法执行后的返回值是字符串“优秀”，方法执行结束后返回到调用之处(输出语句中)。

4. 对象的内存模型。

我们可以通过“类名 对象名 = new 构造方法(实际参数列表);”的形式来定义和创建对象。其中，通过“new 构造方法(实际参数列表)”创建对象时，可在内存中为对象分配存储空间,该表达式的值为该内存空间的地址。由于这样创建的对象是没有名字的,无法使用。所以我们将它赋值给“对象名”,使之具有名字。

事实上,“对象名”就是一个变量,它保存的只是用“new 构造方法(实际参数列表)”来创建对象时所分配的内存地址,而不是真实的数据,如商品编号、名称、价格等。然而,我们在使用对象时,可以用“对象名”来指代对象本身,这就是 Java 中的对象在内存中的表示方式——用对象名表示对象。我们也可以说,“对象名”指向了某个实例。

对象的内存模型如图 25 所示:

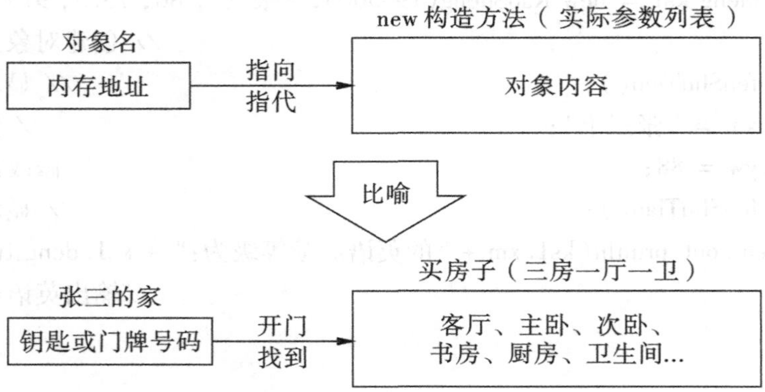

图 25 对象的内存模型

例 13 对象的内存分配。

对于“例 11”,修改测试类 Test,以查看对象的创建及其内存分配情况。如下面的代码所示:

```
public class Test {                                        // 这是测试类
  public static void main(String[ ] args) {
    // 商品 1
    ShangPin sp1 = new ShangPin(101, "螺蛳粉", 8.0f, 100);
    System.out.println(sp1);                              // 输出对象名:地址
    System.out.println("商品编号:" + sp1.getBianHao() + "\t 商品名称:" + sp1.
getMingCheng() + "\t 商品价格:" + sp1.getJiaGe() + "\t 库存数量:" + sp1.getKuCun
());
    // 商品 2
    ShangPin sp2 = new ShangPin("卤蛋", 2.0f, 50);
    System.out.println(sp2);                              // 输出对象名:地址
    System.out.println("商品编号:" + sp2.getBianHao() + "\t 商品名称:" + sp2.
getMingCheng() + "\t 商品价格:" + sp2.getJiaGe() + "\t 库存数量:" + sp2.getKuCun
());
    // 商品 3
    ShangPin sp3 = new ShangPin();
```

```
    System. out. println( sp3) ;                                    // 输出对象名:地址
    System. out. println( " 商品编号:" + sp3. getBianHao( ) + " \t 商品名称:" + sp3.
getMingCheng( ) + " \t 商品价格:" + sp3. getJiaGe( ) + " \t 库存数量:" + sp3. getKuCun
( ) ) ;
  }
}
```

运行结果如图 26 所示。

```
p1.ShangPin@15db9742
商品编号：101        商品名称：螺蛳粉        商品价格：8.0        库存数量：100
p1.ShangPin@7852e922
商品编号：890        商品名称：卤蛋          商品价格：2.0        库存数量：50
p1.ShangPin@4e25154f
商品编号：0 商品名称：null        商品价格：0.0        库存数量：0
```

图 26　“例 13”运行结果

上面的程序中,我们分别创建并实例化了三个商品类对象,然后把对象所在的内存地址及其内容输出来,从输出结果可知其内存分配情况,如图 27 所示。

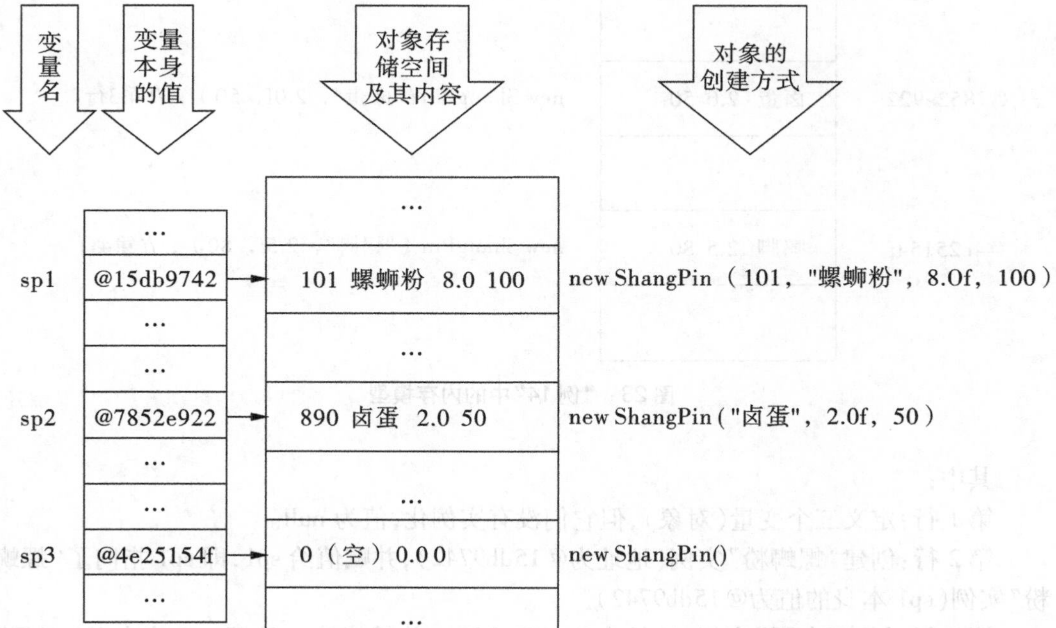

图 27　“例 13”中的内存模型

例 14　对象的内存模型。

我们通过下面的代码进一步理解对象的内存模型。

```
ShangPin sp1,sp2,sp3;                          // 第 1 行
sp1 = new ShangPin("螺蛳粉", 8.0f, 100);       // 第 2 行
sp1 = new ShangPin("卤蛋", 2.0f, 50);          // 第 3 行
sp2 = new ShangPin("鸭脚", 2.5f, 80);          // 第 4 行
sp3 = sp1;                                     // 第 5 行
sp1 = sp2;                                     // 第 6 行
sp2 = sp3;                                     // 第 7 行
```

上面程序执行过程中,各变量及其内存的变化情况如图 28 所示。

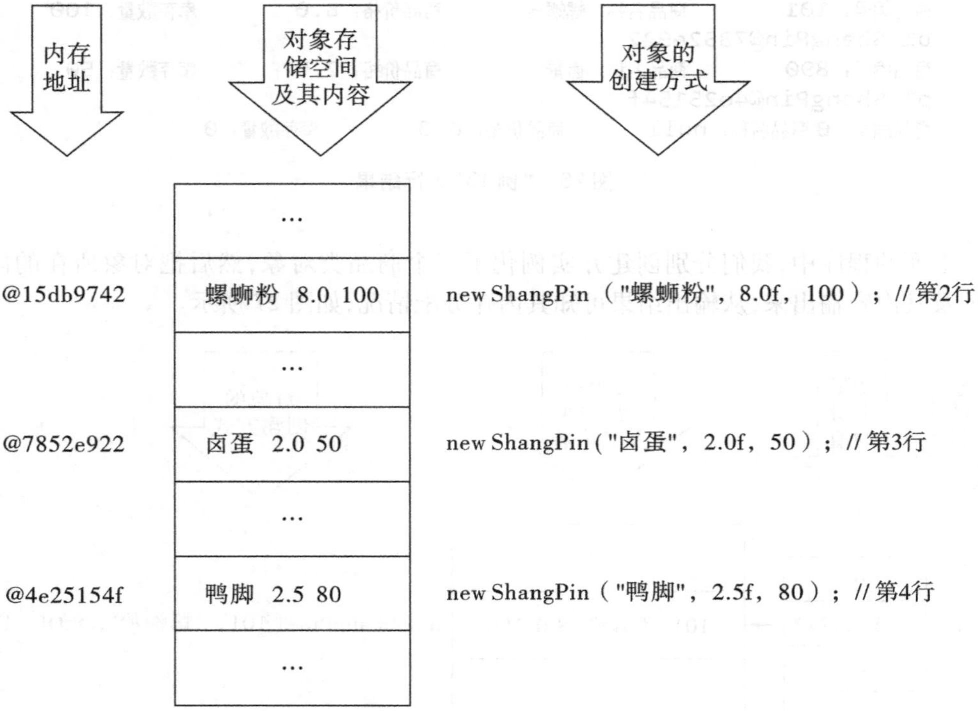

图 28　"例 14"中的内存模型

其中:

第 1 行:定义三个变量(对象),但它们没有实例化,值为 null。

第 2 行:创建"螺蛳粉"实例(地址为@ 15db9742),并赋值给 sp1,即 sp1 指向了"螺蛳粉"实例(sp1 本身的值为@ 15db9742)。

第 3 行:创建"卤蛋"实例(地址为@ 7852e922),并赋值给 sp1,即 sp1 指向了"卤蛋"实例(sp1 本身的值为@ 7852e922),此时"螺蛳粉"实例已无用(其内存地址@ 15db9742 已丢失,无法再被引用)。相当于更改了 sp1 的指向。

第 4 行:创建"鸭脚"实例(地址为@ 4e25154f),并赋值给 sp2,即 sp2 指向了"鸭脚"实例(sp2 本身的值为@ 4e25154f)。

第 5 行:sp1 赋值给 sp3,则 sp3 指向"卤蛋"实例,此时 sp1 和 sp3 都指向"卤蛋"实例

(地址为@7852e922)。

第6行:sp2赋值给sp1,则sp1指向"鸭脚"实例(更改了sp1的指向),此时sp1和sp2都指向"鸭脚"实例(地址为@4e25154f),而只有sp3仍然指向"卤蛋"实例。

第7行:sp3赋值给sp2,则sp2指向"卤蛋"实例(更改了sp2的指向),此时sp2和sp3都指向"卤蛋"实例(地址为@7852e922),而只有sp1仍然指向"鸭脚"实例(地址为@4e25154f)。

从第3行到第7行,实际上相当于交换sp1和sp2对象(用sp3来辅助)。交换两个对象的本质:实例在内存中的位置及其内容都是固定不变的,所谓的交换,只是交换对象名中保存的内存地址(实例的地址),而不是交换实例的真正的内容。我们也可以用生活中"交换房子"作为例子来说明:两个人,每人各有一套房,现两人想要交换房子,则只需要交换房子钥匙即可,而不需要真正地去搬家。

知识点5　this关键字

很多时候,我们要在对象的方法中,引用自身的属性或其他方法,此时可以用this关键字来代表自己。this关键字表示当前对象,也就是当前对象本身的别名。this有以下两种使用形式。

1. 使用形式一:用this引用成员属性或成员方法。

语法格式:

引用属性:this.属性

引用方法:this.方法(实际参数列表)

说明:

(1)这种用法,其基本要求与"对象名.属性"和"对象名.方法(实际参数列表)"一样。

(2)this只能出现在方法体中。

(3)哪个对象调用this所在的方法,this就代表哪个对象。

(4)当局部变量(形式参数、临时变量等)和成员属性同名时,使用this来引用成员属性。即带有"this."的变量是成员属性,而不带有"this."的变量是其他变量,以此来解决其他变量与成员属性同名的问题。

(5)出于规范编码以及提高程序可读性的考虑,建议凡是对成员属性或成员方法的引用,都要使用this关键字。

例15　用this引用成员。

我们重温"例12"中的考生类的代码,如下。

```
public class KaoSheng {                         // 考生类
  int kh;                                       // 考号
  String xm;                                    // 姓名
  double yw;                                    // 语文成绩
  double sx;                                    // 数学成绩
  double yy;                                    // 英语成绩
  private double zongFen() {                    // 计算总分,私有方法
```

```
    return yw + sx + yy;
  }
  public void fenShuTiao() {                                    // 显示分数条
    System.out.println("考号\t 姓名\t 语文\t 数学\t 英语\t 总分");
    System.out.println(this.kh + "\t" + this.xm + "\t" + this.yw + "\t" + this.sx
+ "\t" + this.yy + "\t" + this.zongFen());                     //调用本类中的方法
  }
  public String dengJi(double fs) {                    // 判定某一科成绩的等级
    String dj;
    if (fs >= 90) {
      dj = "优秀";
    } else if (fs >= 80) {
      dj = "良好";
    } else if (fs >= 70) {
      dj = "中等";
    } else if (fs >= 60) {
      dj = "及格";
    } else {
      dj = "不及格";
    }
  return dj;
  }
  KaoSheng(int kh, String xm, double yw, double sx, double yy) {
                                                          // 构造方法:有参
    this.kh = kh;
    this.xm = xm;
    this.yw = yw;
    this.sx = sx;
    this.yy = yy;
  }
}
```

代码中,方法 zongFen 中的“return yw + sx + yy”语句用到了三个变量:yw、sx 和 yy。这三个变量就是本类中定义的三个属性,此时用 this 或不用 this 都一样。方法 fenShuTiao 中的 this 也可有可无,不影响执行结果。在构造方法中,因为形式参数名称与成员属性名称完全一样,所以 this 关键字不可省。为了解决同名问题,必须要指定哪个变量是成员属性,哪个变量是形式参数。从代码可知,等号左边带有 this 的变量是成员属性,等号右边没有 this 的变量是形式参数,也即将形式参数赋值给成员属性。

2. 使用形式二:在构造方法中用 this 引用其他构造方法。

语法格式:

```
构造方法( 形式参数列表 ){
this( 实际参数列表 );
......
}
```

说明:

(1)构造方法的定义要符合规定。

(2)this(实际参数列表)指代了本类中的另一个构造方法,也即调用本类中的另一个构造方法。

(3)实际参数列表要与所调用的构造方法的形式参数列表相匹配。

(4)this 后面带括号的这种用法,只能出现在构造方法中,只能调用另一个构造方法,并且必须是构造方法中的第一条执行语句。

例 16　用 this 引用构造方法。

在“例 7”中,商品类有多个重载的构造方法,我们可以略作修改。如下面的代码所示:

```
public class ShangPin {
    ......
    public ShangPin(int bianHao, String mingCheng, float jiaGe, int kuCun) {
                                                                    // 4 个参数
        this.setBianHao(bianHao);
        this.setMingCheng(mingCheng);
        this.setJiaGe(jiaGe);
        this.setKuCun(kuCun);
    }
    public ShangPin(String mingCheng, float jiaGe, int kuCun) {       // 3 个参数
        this(0, mingCheng, jiaGe, kuCun);     // 调用另一个构造方法(4 个参数)
        this.bianHao = (int)(Math.random() * 10000);    // 随机生成商品编号
    }
    ShangPin() {                                                      //无参数
    }
}
```

上面程序中,商品类有三个构造方法,程序的改动主要在第二个构造方法(3 个参数)中:使用 this 调用第一个构造方法(4 个参数),调用时传递 4 个实参;其中第一个实参给出一个整数值 0,随后再重新让“商品编号”得到一个值。用 this 引用构造方法修改程序后,程序功能未受影响。通过上述分析可知,当重载的构造方法功能类似,或者某一个构造方法的功能完全包含了另一个构造方法的全部功能时,我们可以使用 this 来调用另一个构造方法,从而简化代码。

知识点 6　调用方法时的数据传递

在类中定义了方法之后，只是对方法名称、方法功能、参数传递和返回值等进行了约定，该方法是不会自动执行的。要让方法起作用，就要通过“对象名. 方法(实际参数列表)”的形式进行引用。引用一个方法，又称为调用一个方法。

调用方法时，实际上是在某个方法的方法体内对别的方法进行调用，这里，我们称调用者称为主调方法，而被调用者称为被调方法。如果被调方法有参数，则必须在主调方法中通过实际参数列表，才能将数据传递给被调方法的形式参数列表，其中，实际参数和形式参数必须一一对应，即实际参数的类型、数量和顺序必须与形式参数相匹配。如果被调方法有返回值，则在方法执行完毕后，将返回值带回到主调方法的调用之处。

例 17　调用方法时的数据传递。

调用方法，求两个整数的最大值，如图 29 所示。

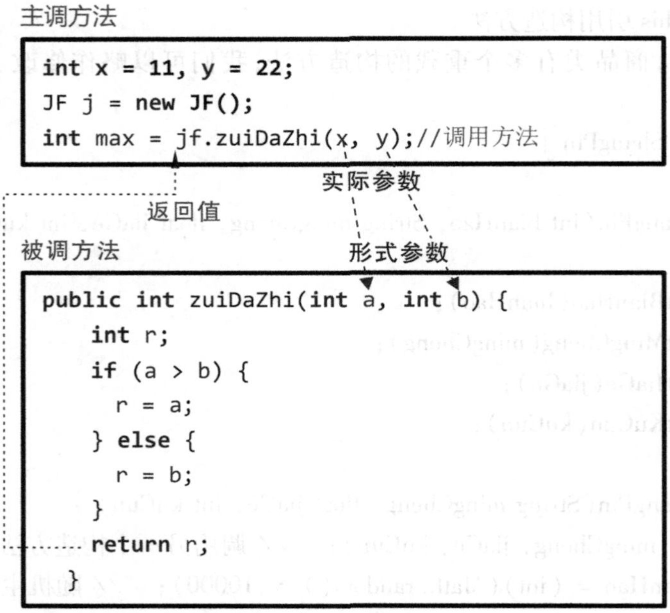
主调方法
int x = 11, y = 22;
JF j = new JF();
int max = jf.zuiDaZhi(x, y);//调用方法
实际参数
返回值
被调方法
形式参数
public int zuiDaZhi(int a, int b) {
int r;
if (a > b) {
r = a;
} else {
r = b;
}
return r;
}

图 29　“例 17”中的参数传递

本例中，数据的传递过程是这样的：调用方法时，实际参数 x 和 y 的值分别传递给形式参数 a 和 b，即 x 把 11 传递给 a，y 把 22 传递给 b。在方法 zuiDaZhi 中，通过 if 语句求得 a 和 b 中的最大值 22，保存在 r 中，然后通过“return r”；把 r 的值返回到主调方法中的调用之处，即把 22 赋值给变量 max。

调用方法时，实际参数向形式参数传递数据的过程是单向的。因此，一般情况下，如果在被调方法中对形式参数的值进行了改变，是不会影响到实际参数原来的值的，但是在某些情况下，形式参数的值的改变，也可能会影响到实际参数。我们可以从方法调用时参数传递的几种情况来进行具体分析：

1. 以基本数据类型作为方法的参数——值传递。

将方法的参数定义为基本数据类型,在调用时,具有如下特点:

(1)形式参数和实际参数分别有自己的内存空间,保存的都是数据。

(2)实际参数将数据值复制一份给形式参数。

(3)形式参数的值的改变不会影响实际参数。

以上特点,可以概括为"值传递,互不影响"。

例 18　调用方法时的值传递。

调用方法,以基本数据类型作为参数,实现交换两个整数(错误示例),如图 30 所示。

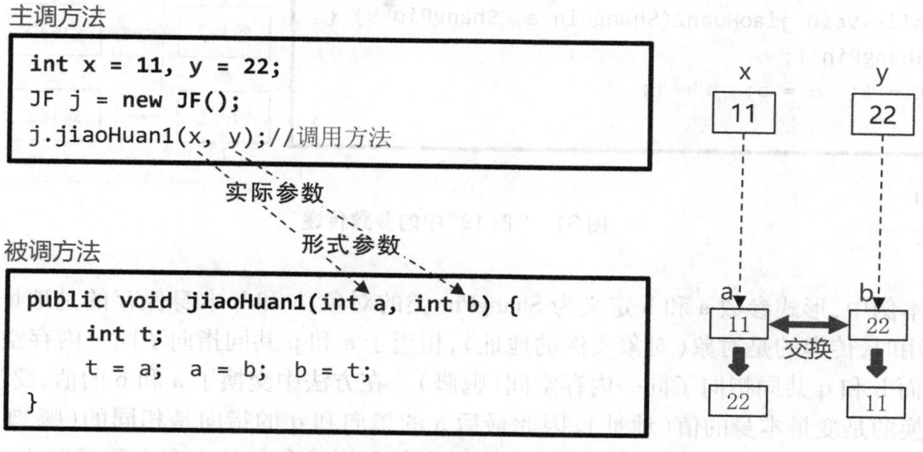
主调方法
int x = 11, y = 22;
JF j = new JF();
j.jiaoHuan1(x, y);//调用方法
实际参数
形式参数
被调方法
public void jiaoHuan1(int a, int b) {
int t;
t = a; a = b; b = t;
}
x
y
11
22
a
b
11
22
交换
22
11

图 30　"例 18"中的参数传递

本例中,形式参数 a 和 b 都是 int 型,因此在调用时,传递的是整型数据,a 得到 11,b 得到 22。虽然在方法中交换了 a 和 b 的值,但是由于实际参数和形式参数的内存空间是独立的,a 和 b 的值的改变并不会影响到 x 和 y,x 仍然是 11,y 仍然是 22。因此,对于主调方法来说,交换两个整数的目的并未实现。

2. 以对象作为方法的参数——地址传递。

将方法的参数定义为某个类的对象,在调用时,具有如下特点:

(1)形式参数和实际参数分别有自己的内存空间,保存的都是地址(对象实例的内存地址)。

(2)实际参数将地址复制一份给形式参数。

(3)实际参数和形式参数都指向同一内存空间(都指向同一对象实例)。

(4)如果只引用形式参数名进行改变(只改变形式参数本身的所保存的地址值),则只改变形式参数的指向关系,不影响到对象实例本身,也不影响到实际参数。

(5)如果引用形式参数的成员进行改变(改变形式参数对象的成员的值),则不改变形式参数的指向关系,但改变了对象实例的内容,会影响到实际参数。

以上特点,可以概括为"地址传递,是否影响看情况"。

例 19　调用方法时的地址传递(错误示例)。

调用方法,以对象作为参数,实现交换两个商品(错误示例),如图 31 所示。

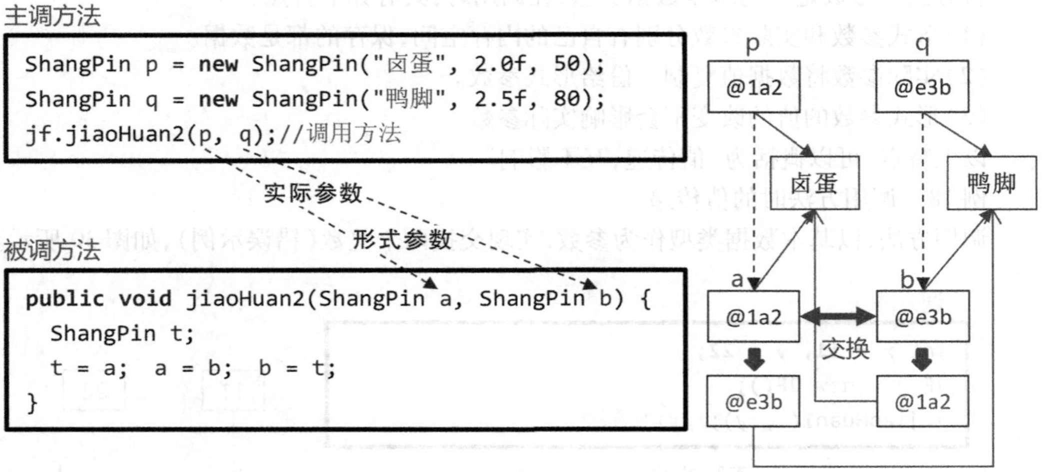
主调方法
ShangPin p = new ShangPin("卤蛋", 2.0f, 50);
ShangPin q = new ShangPin("鸭脚", 2.5f, 80);
jf.jiaoHuan2(p, q);//调用方法
实际参数
形式参数
被调方法
public void jiaoHuan2(ShangPin a, ShangPin b) {
ShangPin t;
t = a; a = b; b = t;
}
p
q
@1a2
@e3b
卤蛋
鸭脚
a
b
@1a2
@e3b
交换
@e3b
@1a2

图 31　"例 19"中的参数传递

本例中,形式参数 a 和 b 定义为 ShangPin 类的对象,a 和 b 本身保存的是地址,因此在调用时,传递的是对象(对象实例的地址),相当于 a 和 p 共同指向了同一内存空间(卤蛋),而 b 和 q 共同指向了同一内存空间(鸭脚)。在方法中交换了 a 和 b 的值,要注意的是交换的是变量本身的值(地址),因此最后 a 的指向和 q 的指向是相同的(鸭脚),b 的指向和 p 的指向是相同的(卤蛋)。由于实际参数和形式参数的内存空间是独立的,a 和 b 保存的地址值的改变并不会影响到 p 和 q,p 仍然指向卤蛋,q 仍然指向鸭脚。因此,对于主调方法来说,交换两个商品的目的并未实现。

例 20　调用方法时的地址传递(正确示例)。

调用方法,以对象作为参数,实现交换两个商品(正确示例),如图 32 所示。

本例与上例在参数传递上是相同的,都是地址传递,即 a 和 p 共同指向了同一内存空间(卤蛋),而 b 和 q 共同指向了同一内存空间(鸭脚)。但与上例不同的是,本方法中,对 a 和 b 指向的对象实例内容进行了修改,由于形参与实参共用内存空间,因此这个修改就影响到了实参。因此,对于主调方法来说,实现了交换两个商品的目的。

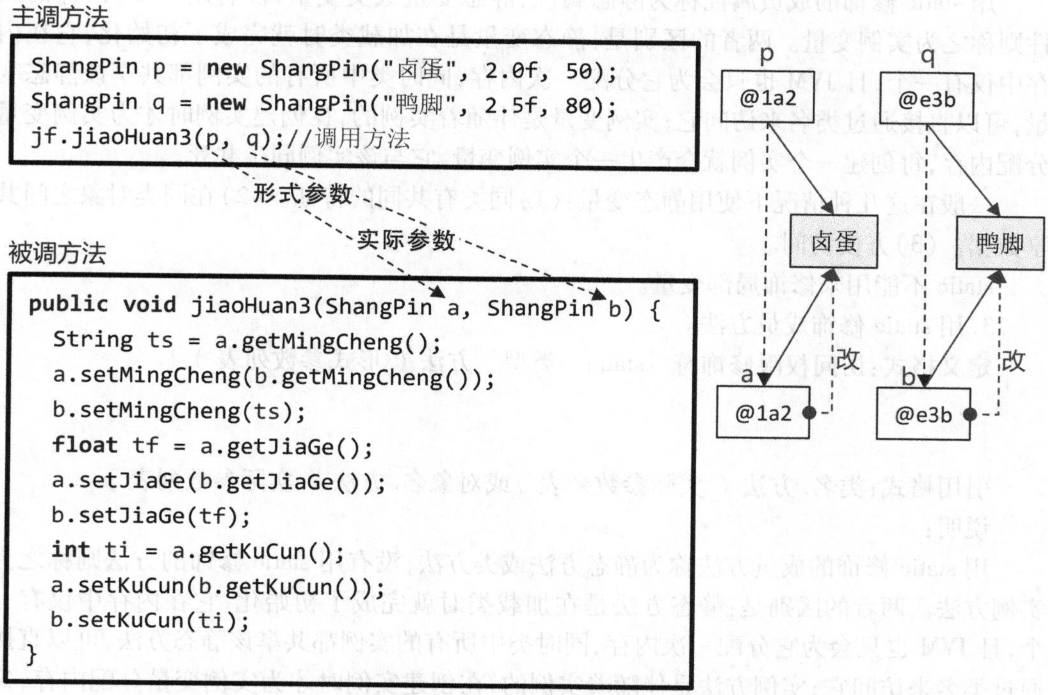

主调方法
ShangPin p = new ShangPin("卤蛋", 2.0f, 50);
ShangPin q = new ShangPin("鸭脚", 2.5f, 80);
jf.jiaoHuan3(p, q);//调用方法
形式参数
实际参数
被调方法
public void jiaoHuan3(ShangPin a, ShangPin b) {
String ts = a.getMingCheng();
a.setMingCheng(b.getMingCheng());
b.setMingCheng(ts);
float tf = a.getJiaGe();
a.setJiaGe(b.getJiaGe());
b.setJiaGe(tf);
int ti = a.getKuCun();
a.setKuCun(b.getKuCun());
b.setKuCun(ti);
}
p
q
@1a2
@e3b
卤蛋
鸭脚
改
改
a
b
@1a2
@e3b

图32 "例20"中的参数传递

知识点7　static关键字

1. static概述。

通过前面的学习,我们已经知道不同的对象有其自己的属性和方法,通过使用对象名可以访问其属性和方法。但是,有一种特殊的属性和方法,它能被本类的所有对象所共用,这就是用static关键字修饰的属性和方法。

在Java中并不存在全局变量的概念,但是我们可以通过static来实现"伪全局"的概念,static表示全局或者静态的意思,可以用来修饰成员属性、成员方法和代码块。

在JVM加载一个类的时候,若该类存在static修饰的成员属性和成员方法,则程序会为这些成员属性和成员方法在固定的位置开辟一个固定大小的内存区域。有了这些"固定"的特性,那么JVM就可以非常方便地访问他们。同时,static所蕴含静态的概念表示着它是不可恢复的,即如果你修改了其内容,它是不会变回原样的。被static修饰的成员属性和成员方法都是属于该类的,独立于所在类的任何对象,不依赖于某个特定的实例,能被该类的所有实例所共享。所有实例对它的引用都指向同一个地方,任何一个实例对它的修改都会导致其他引用它的实例的变化。

2. 用static修饰成员属性。

定义格式:访问权限修饰符　static　类型　属性名　=初值;

引用格式:类名.属性或对象名.属性

说明:

用 static 修饰的成员属性称为静态属性、静态变量或类变量；没有用 static 修饰的属性则称之为实例变量。两者的区别是：静态变量是在加载类时就完成了初始化，它在内存中仅有一个，且 JVM 也只会为它分配一次内存，同时类中所有的实例都共享该静态变量，可以直接通过类名来访问它；实例变量是伴随着实例的，在创建实例时才为实例变量分配内存，每创建一个实例就会产生一个实例变量，它与该实例同生共死。

一般在这几种情况下使用静态变量：(1)同类有共同的特征。(2)在同类对象之间共享数据。(3)方便访问。

static 不能用来修饰局部变量。

3. 用 static 修饰成员方法。

定义格式：访问权限修饰符　static　类型　方法（形式参数列表）{

……

}

引用格式：类名.方法（实际参数列表）或对象名.方法（实际参数列表）

说明：

用 static 修饰的成员方法称为静态方法或类方法；没有用 static 修饰的方法则称之为实例方法。两者的区别是：静态方法是在加载类时就完成了初始化，它在内存中仅有一个，且 JVM 也只会为它分配一次内存，同时类中所有的实例都共享该静态方法，可以直接通过类名来访问它；实例方法是伴随着实例的，在创建实例时才为实例变量分配内存，每创建一个实例就会产生一个实例方法，它与该实例同生共死。

一般在这几种情况下使用静态方法：(1)同类有共同的功能。(2)方便访问。

在静态方法中，不能使用 this 关键字和 super 关键字，不能访问非静态属性和非静态方法，即：静态方法只能访问静态属性和静态方法；在非静态方法中可以访问静态属性和静态方法。

4. 用 static 修饰 main 方法

main 方法是 Java 应用程序的入口，程序在运行的时候，第一个执行的方法就是 main 方法。这个方法和其他的方法有很大的不同，比如方法的名字必须是 main，方法必须是用 public static void 修饰的，方法必须接收一个字符串数组的参数，每个 Java 应用程序都必须有且仅有一个 main 方法，等等，这些都是 Java 的规定。

为什么规定要用 static 来修饰 main 方法呢？实际上，Java 中所有的程序都是在类的基础上进行的，但是对于一个刚刚进入运行期的程序来说，它没有包含任何类，所以无法执行任何语句。于是这种情况似乎陷入了类似于先有蛋还是先有鸡的死循环：我们需要创建一个类去实现代码，而创建代码的方法又必须依赖一个类存在。解决这一局面的唯一方法就是运用 static 方法，因为它不需要依赖实例对象存在，可以用一个 static main( ) 来创建一系列的对象，进而解决问题。但也不是所有的 static 方法都能作为 Java 应用程序的入口。main 这个名称不能变是为了 JVM 能够识别程序运行的起点，main 方法作为程序初始线程的起点，任何其他线程均由该线程启动；任何其他类和其他对象，都由 main 方法来引用和创建。

知识点 8　关于系统框架设计

对于小型的控制台输入输出应用程序,我们可以按照“控制-业务-实体”来设计其框架结构,如图 33 所示。

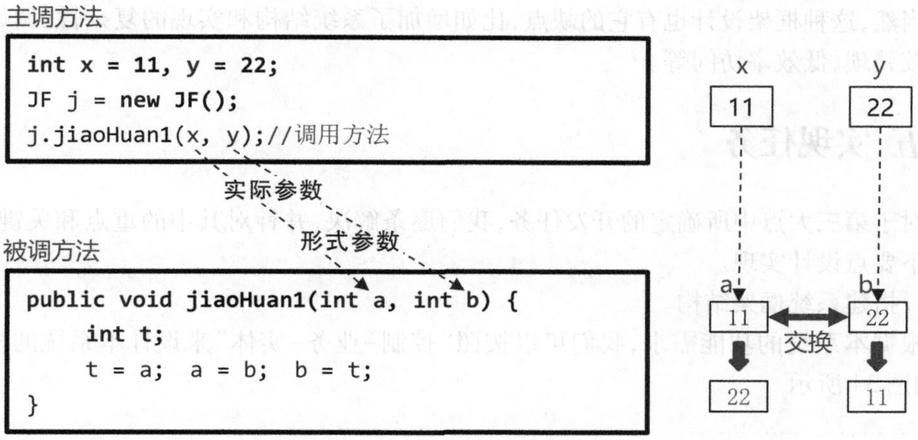
主调方法
int x = 11, y = 22;
JF j = new JF();
j.jiaoHuan1(x, y);//调用方法
实际参数
形式参数
被调方法
public void jiaoHuan1(int a, int b) {
int t;
t = a; a = b; b = t;
}
x
y
11
22
a
b
11
22
交换
22
11

图 33　“控制-业务-实体”框架结构

1. 控制类(控制层):用于控制整个程序的执行过程的一些类。这一层负责直接或间接地指挥、调度和协调整个系统的所有资源,一般包含有若干个类,其中包括 main( )方法及若干个其他的方法。其常见和典型的应用即为菜单控制和人机交互(输入和输出)。

2. 业务类(业务层):用于处理各种具体的业务流程的一些类。一般对于每一个实体类,通常要为其设计对应的业务类。在业务类中,一般包含若干个方法,每个方法对应一种业务操作。比如,可针对商品类,定义一个商品业务类,其中包含若干个方法,每个方法分别实现对商品进行添加、删除、修改、查询、输出等业务操作。

3. 实体类(数据层):用于表示数据(封装数据)的一些类,即约定该类的对象由哪些数据构成,每种数据的类型是什么,其访问权限是什么等;同时约定数据的存(Setter)、取(Getter)方法。比如,对于商品对象,可以定义一个实体类,其中规定商品信息由商品编号、商品名称、商品价格、库存数量等属性构成,对于每种属性都规定合适的数据类型及其访问权限等,并为每个属性定义存(Setter)和取(Getter)方法。通常业务类与实体类是成对出现的,即对于每一个实体类(数据),通常要为其设计对应的业务类(操作)。

之所以将系统框架划分为控制类、业务类和实体类,其目的是尽可能将应用程序的输入输出与处理分开,将数据与业务分开。这样处理有以下几点好处。

1. 降低耦合度。当我们需要修改人机交互界面时,只需要修改控制类,而不用修改业务类和实体类;当业务规则发生改变时,我们只需要修改业务类中相应的方法,而不用修改控制类和实体类;当事物的信息构成发生改变时,我们只需要修改实体类,而不用修改控制类,不用或较少修改业务类。

2. 提高重用性。一个系统中,可能有多种方式或多处地方访问同一对象的现象,这种框架结构允许一处定义,多处使用。不需要针对每一种访问方式,去修改其调用的代码，从而提高了代码的重用性。

3. 提高可维护性。这种分离的设计，使得各类（各层）之间无甚关联，从而便于程序员进行分工和开发、维护，有利于软件工程化管理。同时，程序员集中精力专注于某一层，也使得系统的开发时间得到相当大的缩减，从而提高开发速度和效率。

当然，这种框架设计也有它的缺点，比如增加了系统结构和实现的复杂性、调试和测试比较繁琐、低效率访问等。

五、实现任务

对于第三大点中所确定的开发任务，我们逐条解决，并针对其中的重点和关键点，通过以下要点设计实现。

1. 搭建系统框架结构。

根据本系统的功能需求，我们可以按照"控制-业务-实体"来设计本系统的框架结构，如图 34 所示。

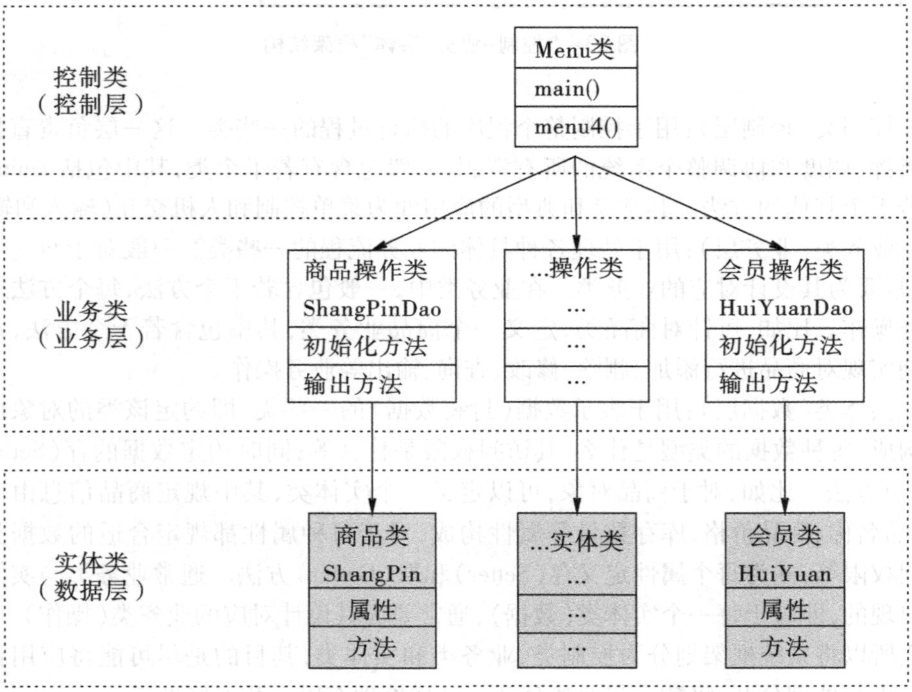

图 34　系统框架设计

其中：

（1）控制层只包含一个 Menu 类，用于实现菜单控制和人机交互。

（2）业务层包括若干个业务类，用于实现针对各个实体的业务操作。本阶段只包括商品操作类 ShangPinDao 和会员操作类 HuiYuanDao。

(3)数据层包括若干个实体类,用于封装各个实体的数据。本阶段只包括商品类 ShangPin 和会员类 HuiYuan。

阶段代码 1　创建 Eclipse 项目。

(1)创建 Java 项目,命名为"ebuy"。

(2)创建包,命名为"JD1"(表示第一阶段)。之后所有创建的类,都应放在包"JD1"之下。

(3)创建实体类、业务类和控制类。其中实体类的命名,以事物名称的全拼命名;业务类的命名,在实体类名称之后加上"Dao";控制类就一个,命名为 Menu。

最后项目结构应如图 35 所示。

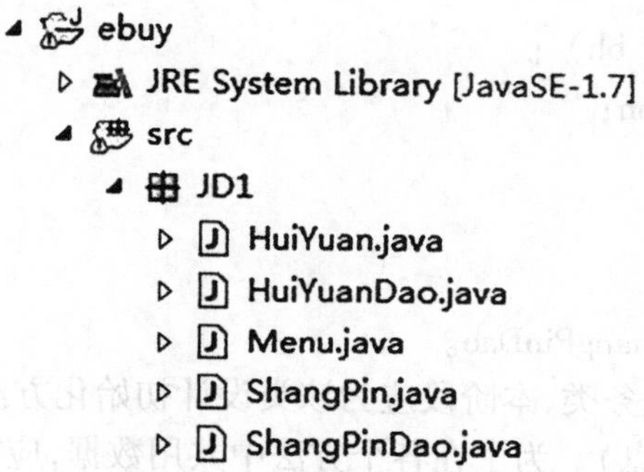

图 35　Eclipse 项目结构

2. 设计商品类 ShangPin。

商品类是一个实体类,应按商品信息(商品编号、商品名称、商品价格、商品描述、库存数量、创建时间)来定义其成员属性,同时为每个成员属性定义对应的 Setter 方法和 Getter 方法,另外定义无参的构造方法和有参的构造方法。

阶段代码 2　商品类的设计。

仅提供部分关键代码(下同),如下:

```
public class ShangPin {
  int bianHao;                                    // 商品编号
  String mingCheng;                               // 商品名称
  float jiaGe;                                    // 商品价格
  String miaoShu;                                 // 商品描述
  int kuCun;                                      // 库存数量
  String shiJian;                                 // 创建时间
  ShangPin() {                                    // 构造方法:无参
  }
  ShangPin(int bh, String mc, String ms, float jg, int kc, String sj) {
                                                  // 构造方法:有参
    this.bianHao = bh;
```

```
        this.mingCheng = mc;
        this.miaoShu = ms;
        this.jiaGe = jg;
        this.kuCun = kc;
        this.shiJian = sj;
    }
    // Setter 方法和 Getter 方法
    int getBianHao() {
        return bianHao;
    }
    void setBianHao(int bh) {
        this.bianHao = bh;
    }
    ……
}
```

3. 设计商品操作类 ShangPinDao。

商品操作类是一个业务类,本阶段应为该类设计初始化方法(创建若干个对象实例)和输出方法(显示对象信息)。为了在各个方法中共用数据,应在本类中定义若干个成员属性(若干个商品对象)。在初始化方法中,应调用商品类的有参构造方法来创建商品对象实例。在输出方法中,应通过调用商品类的 Getter 方法来获取商品的信息,并通过一定的编程技巧实现列表式的排版输出。

阶段代码 3 商品操作类的设计。

```
public class ShangPinDao {
    static ShangPin sp1, sp2, sp3, sp4, sp5;      //属性:5 个静态的商品对象
    static void chuShiHua() {                      // 方法:初始化商品列表-静态方法
        sp1 = new ShangPin(1, "原味螺蛳粉", "地方特色", 7.5f, 1000, "2020-04-02");
        sp2 = new ShangPin(2, "鸭脚", "下酒好货", 3.0f, 500, "2020-04-05");
        ……
    }
    void shuChuShangPinLieBiao() {                          // 方法:显示商品列表
        System.out.println("商品编号\t 商品名称\t\t 商品价格\t 库存数量\t 商品描述\t\t 上架时间");
        System.out.println(sp1.getBianHao() + "\t" + sp1.getMingCheng() + "\t\t" + sp1.getJiaGe() + "\t" + sp1.getKuCun() + "\t" + sp1.getMiaoShu() + "\t\t" + sp1.getShiJian());
        System.out.println(sp2.getBianHao() + "\t" + sp2.getMingCheng() + "\t\t" + sp2.getJiaGe() + "\t" + sp2.getKuCun() + "\t" + sp2.getMiaoShu() + "\t\t" + sp2.
```

```
getShiJian());
        ......
    }
}
```

4. 设计会员类 HuiYuan。

会员类是一个实体类,应按会员信息(姓名、卡号、积分)来定义其成员属性,同时为每个成员属性定义对应的 Setter 方法和 Getter 方法,并定义无参的构造方法和有参的构造方法。具体的程序代码,可参考商品类的设计。

5. 设计会员操作类 HuiYuanDao。

会员操作类是一个业务类,本阶段应为该类设计初始化方法(创建若干个对象实例)和输出方法(显示对象信息)。具体的程序代码,可参考商品操作类的设计。

5. 设计控制类 Menu。

Menu 类用于实现菜单控制和人机交互。根据系统功能要求,菜单应包含主菜单(一级菜单)和二级菜单,其中一级菜单在 main()方法中实现,其运行结果如图 36 所示。

```
******************柳橙汁美食家管理系统******************

                    ---主菜单---
                    [1]   我要点餐
                    [2]   查看商品
                    [3]   查看会员
                    [4]   后台管理
                    [0]   退出系统

请选择[0、1、2、3、4]:
```

图 36　"主菜单"界面

(1)菜单应能循环选择,即在不退出系统的情况下,可以多次选择任意一个菜单项,因此应使用循环结构来显示菜单。

(2)选择某一菜单项后,应执行相应的业务操作,即在每个菜单项之下,应调用相应业务类中的相应方法。本阶段,应能实现菜单项"[2]　查看商品"和"[3]　查看会员"的功能,即应调用商品操作类中的输出方法和会员操作类中的输出方法。当然,在查看商品或会员之前,应先调用初始化方法对商品或会员进行初始化。

阶段代码 4　Menu 类中的 main()方法的设计。

```
public static void main(String[ ] args) {          //主方法(程序入口):一级菜单
  int num;                                                      // 选择的选项
  boolean yn = true;                                            // 循环状态
```

```
ShangPinDao.chuShiHua();                                   // 初始化商品列表
HuiYuanDao.chuShiHua();                                    // 初始化会员列表
do {
  // 显示主菜单
  System.out.println();
  System.out.println("\n* * * * * * * * * * * * * *柳橙汁美食家管理系统* *
* * * * * * * * * * * * *\n");
  System.out.println("\t\t---主菜单---");
  System.out.println("\t\t[1]   我要点餐");
  System.out.println("\t\t[2]   查看商品");
  System.out.println("\t\t[3]   查看会员");
  System.out.println("\t\t[4]   后台管理");
  System.out.println("\t\t[0]   退出系统");
  System.out.print("\n 请选择[0、1、2、3、4]: ");
  num = input.nextInt();
  switch (num) {
    case 1:
    System.out.println("\n----------------1.我要点餐----------------
\n");
    System.out.println("正在建设......");
    System.out.println("请按 任意键+回车 返回主菜单... ");
    input.next();
    break;
    case 2:
    System.out.println("\n----------------2.查看商品----------------
\n");
    ShangPinDao spDao = new ShangPinDao();
    spDao.shuChuShangPinLieBiao();                         // 输出商品列表
    System.out.println("请按 任意键+回车 返回主菜单... ");
    input.next();
    break;
    case 3:
    System.out.println("\n----------------3.查看会员----------------
\n");
    HuiYuanDao hyDao = new HuiYuanDao();
    hyDao.shuChuHuiYuanLieBiao();                          // 输出会员列表
    System.out.println("请按 任意键+回车 返回主菜单... ");
    input.next();
```

```
            break;
            case 4:
            menu4();                                        //调用二级菜单
            break;
            case 0:
            yn = false;
            break;
            default:
            System.out.println("\n 您的输入有误");
            System.out.println("请按 任意键+回车 返回主菜单... ");
            input.next();
            break;
        }
    } while (yn);
    System.out.println("\n 你已退出系统!");
}
```

(3)菜单项“[4]　后台管理”之下应显示二级菜单。为了简化程序,二级菜单应放在方法 menu4()中实现,同时应在主菜单的菜单项“[4]　后台管理”之下调用 menu4()。二级菜单的实现方式与主菜单类似。其运行结果如图 37 所示。

```
******************柳橙汁美食家管理系统******************

                     ---4.后台管理---
                     [1]   查看商品
                     [2]   添加商品
                     [3]   删除商品
                     [4]   修改商品
                     [5]   查看会员
                     [6]   添加会员
                     [7]   删除会员
                     [8]   修改会员
                     [0]   返回上级

请选择[0-8]:
```

图 37　“后台管理”界面

六、验证成果

本阶段的任务，通过程序设计、编码和调试，应达到以下几点要求。

1. 能建立正确的项目结构并命名，如图 38 所示。

```
ebuy
  JRE System Library [JavaSE-1.7]
  src
    JD1
      HuiYuan.java
      HuiYuanDao.java
      Menu.java
      ShangPin.java
      ShangPinDao.java
```

图 38 Eclipse 项目结构

2. 能正确设计商品和会员的实体类。注意各个成员属性的定义是否正确及科学合理，Setter 方法和 Getter 方法的定义是否正确，是否有无参的构造方法和有参的构造方法。

3. 能正确设计商品和会员的业务类。业务类应与实体类相对应，其成员属性用实体类来定义，并针对成员属性实现初始化方法和输出（显示）方法。

4. 能正确实现系统运行流程的控制，能对商品和会员对象进行初始化；实现菜单及其循环控制，并能通过菜单项"查看商品"和"查看会员"分别调用相应的方法，以实现商品和会员的列表显示。如图 39 和图 40 所示。

```
-------------------2.查看商品-------------------

商品编号  商品名称      商品价格  库存数量  商品描述    上架时间
1         原味螺蛳粉    7.5       1000      地方特色    2020-04-02
2         鸭脚          3.0       500       下酒好货    2020-04-05
3         卤鸡蛋        2.0       300       营养可口    2020-04-05
4         干捞螺蛳粉    8.0       800       别样风味哦  2020-04-06
5         鲜榨橙汁      5.0       200       常温或加冰  2020-04-06
请按 任意键+回车 返回主菜单...
```

图 39 "查看商品"界面

```
-------------------3.查看会员-------------------

姓名                卡号                积分
黄药师              111                 8000
欧阳锋              222                 4500
段皇爷              333                 4800
洪七公              444                 8000
王重阳              555                 10000
请按 任意键+回车 返回主菜单...
```

图40　“查看会员”界面

5. 程序结构清晰、代码规范,关键代码和重要代码有备注,程序的可读性良好。

七、项目阶段小结

1. 本项目阶段的任务主要是基于面向对象的程序设计思想搭建程序框架,能用类和对象表示商品与会员(事物的信息与操作)。重点在于实体类和业务类的设计以及类和对象的使用。

2. 面向对象思想:万物皆对象,我们要以对象为基本单位去分析、设计、编程,来实现软件系统。通过对象来映射现实中的事物,通过对象之间的关系来描述现实事物之间的联系。

3. 面向对象的特性:封装、继承、多态。封装:对本类对象的属性和操作进行集中说明,对外隐藏细节,保护数据。继承:从已有类中继承代码,实现代码重用。多态:用单一的接口形式,表达多种不同的动作,可以用一词多义来理解。

4. 类:类是具有共同属性和行为的对象的集合;类是对象的抽象,是多个对象的公共模板;类由属性、方法、构造方法等构成。

5. 对象:对象是某个类中的具体事物,代表着复杂数据;对象的实质是“属性+行为”;可以通过一个类,实例化出多个具体的对象;类中的属性和方法,要通过对象来引用。

6. 方法重载:是指在同一个类中定义多个同名不同参的方法。

7. 调用方法:是指在某个方法的方法体内对别的方法进行调用。如果被调方法有参数,则实际参数和形式参数必须一一对应;在调用方法时,实际参数向形式参数传递数据(值传递或地址传递);如果被调方法有返回值,则通过 return 语句将返回值带回到调用之处。

8. this 关键字:表示当前对象,也就是当前对象本身的别名,可以用 this 关键字来引用自身的属性和方法。

9. static 关键字:表示全局或者静态的意思,可以用来修饰成员属性、成员方法和代码块。用 static 所修饰的成员,只创建一次,并且能被本类的所有对象所共用和共享。

10. 系统框架结构设计:可基于分离的思想,采用“控制-业务-实体”的框架结构来设计软件系统。

项目阶段二

实现 VIP 会员（类的继承与多态）

一、问题描述

问题 1，关于会员级别。

上一项目阶段（项目阶段一），所有的会员享有的权利都是一样的，即都能享受计算积分的福利。然而，现实生活中，有一些高级会员（VIP 会员）相较于普通会员，还可额外享受购物优惠的福利，比如黄金会员可享受购物打 9 折的优惠，而白银会员可享受购物打 9.5 折的优惠，如图 41 所示。

--------------------3.查看会员--------------------

会员级别

序号	姓名	卡号	积分	是否VIP
1	黄药师	111	8000	白银
2	欧阳锋	222	4500	
3	段皇爷	333	4800	
4	洪七公	444	8000	白银
5	王重阳	555	10000	黄金
6	杨过	601	10000	黄金
7	小龙女	602	5000	
8	郭靖	777	10000	黄金
9	周伯通	888	10000	黄金

请按 任意键+回车 返回主菜单...

图 41　“查看会员”界面中的会员级别

为此，在本项目阶段，我们将新增 VIP 会员类（同时修改与之有关的初始化、列表显示等部分代码），以便在后续的项目阶段中，为 VIP 会员实行购物优惠。

问题 2，关于访问权限。

上一项目阶段（项目阶段一），我们设计的所有的类，其成员属性和成员方法在本包的所有类中都可以访问。这样的设计，可能会造成一些我们不希望看到的结果，甚至有可能造成程序崩溃。

举例说明：如果在 ShangPinDao 类的 chuShiHua 方法中，添加如下几条语句：

```
sp1.mingCheng="正宗原味螺蛳粉";
sp1.jiaGe = -5f;
sp1.shiJian="2050 年 15 月 42 日";
```

那么在显示商品列表时,会出现排版错位(由于名称太长)、数据错误(由于价格为负数)、格式不统一(由于日期格式乱写)等情况,如图 42 所示。

```
--------------------2.查看商品--------------------

商品编号    商品名称              商品价格    库存数量    商品描述          上架时间
1           正宗原味螺蛳粉                    -5.0        1000      地方特色          2050年15月42日
2           鸭脚                  3.0         500         下酒好货          2020-04-05
3           卤鸡蛋                2.0         300         营养可口          2020-04-05
4           干捞螺蛳粉            8.0         800         别样风味哦        2020-04-06
5           鲜榨橙汁              5.0         200         常温或加冰        2020-04-06
请按 任意键+回车 返回主菜单...
```

图 42　“查看商品”界面(显示错位)

造成以上糟糕结果的原因是我们没有使用访问权限对商品类和会员类的成员进行封装,即:未对类的成员进行合理的访问权限设置,也未对数据的存取进行任何的规范化处理。这种完全开放式的设计,很容易造成数据错误或运行错误,不利于对类及其成员进行规范管理,我们应当根据实际情况对类及其成员的访问权限进行一定的授权。

为此,在本项目阶段,我们将根据实际需要,对所有的类及其成员设置相应的访问权限。

二、问题分析

1. 关于 VIP 会员。

在上一项目阶段(项目阶段一),我们已为普通会员设计了 HuiYuan 类。现在,我们要增加 VIP 会员类,而这个新的类包含了原有的 HuiYuan 类的一切,只是需要额外增加一个“会员级别”属性。这种情况下,我们可以在原有的 HuiYuan 类的基础上,派生出新的类(继承原有的类)。同时,我们应能对 VIP 会员进行初始化,并在显示会员时增加关于会员级别的输出。

2. 关于访问权限。

商品类和会员类的成员属性,保存的是商品和会员的基本信息,这些信息应该是特定的人群(如管理员)才有权访问的,并且其内容、格式、长度等应具有一定的要求。因此,我们应为商品类和会员类的成员属性设置私有访问权限,以避免他人直接修改;同时,为了能够对成员属性进行存取数据的操作,我们应开放其成员方法的访问权限,让他人可以通过特定的方式(受限的方式)访问这些属性。对于其他的类,我们也可采用类似的方式,对其成员属性和成员方法授予相应的访问权限。

三、确定任务

基于上面的分析,本阶段的任务主要有:

1. 新增设计 VIP 会员类(继承 HuiYuan 类)。
2. 在会员业务类中,新增创建 VIP 会员对象。
3. 在会员业务类中,增加显示会员级别的方法。
4. 为所有的类及其成员属性和成员方法设置合适的访问权限。

四、学习探究

根据上述分析,本阶段主要涉及类的继承与多态性、权限控制、反射机制等内容。

知识点 1 类的继承

1. 继承。

在已有的类的基础上派生出新的类时,已有的类叫父类,也叫基类、超类;新的类叫子类,也叫派生类。

2. 类在继承时,子类与父类继承关系。

(1)子类继承父类中的所有成员属性和成员方法。

(2)子类还可以有自己特有的属性和方法。

(3)子类可以重新定义父类中已有的属性,也可以重写父类中已有的方法。

例 21 学生类的继承关系。

可以以“学生类”为基类,派生出“中学生类”和“大学生类”两个子类,如图 43 所示。

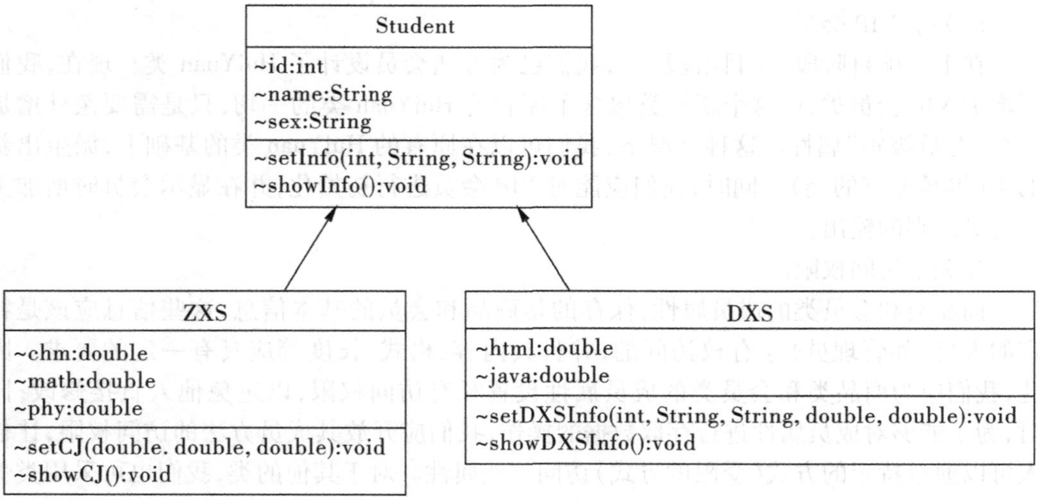

图 43 学生类中的继承关系

3. 子类的定义。

如图 44 所示:

关键字extends，子类在左，父类在右（父类要事先定义好）

```
修饰符    class  子类名  extends  父类名  {
  //定义新的成员属性
  //定义新的成员方法
  //重新定义父类中已有的成员属性
  //重写父类中已有的成员方法
}
```

如果既不定义新的成员，也不重定义/重写父类中已有的成员，那么定义子类就没有实际意义了

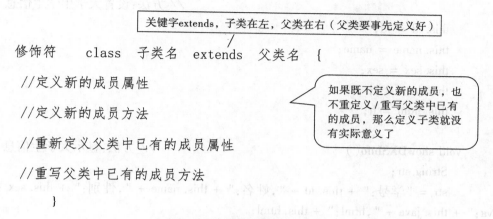

图 44　定义子类的语法格式

4. 继承的意义:子类不用重复书写父类中已有的代码便可以直接使用父类中的属性和方法,从而达到代码复用的目的,也即简化代码、提高开发效率。

例 22　继承关系的代码实现。

对于“例 21”中的“学生类”和“大学生类”,可用如下代码实现继承关系。

学生类:

```
public class Student {                                   // 学生类
  int id;                                                // 学号
  String name;                                           // 姓名
  String sex;                                            // 性别
  void setInfo(int id, String name, String sex) {        // 方法:设置学生信息
    this.id = id;
    this.name = name;
    this.sex = sex;
  }
  void showInfo() {                                      // 方法:显示学生信息
    String str;
    str = "学号:" + this.id + ",姓名:"+ this.name + ",性别:" + this.sex;
    System.out.println(str);
  }
}
```

大学生类:

```
public class DXS extends Student {                       // 大学生类,继承学生类
  double java;                                           //java 成绩
```

```
    double html;                                                    // html 成绩
    void setDXSInfo(int id, String name, String sex, double j, double h) {
                                                        // 方法:设置大学生学生信息
      this.id = id;
      this.name = name;
      this.sex = sex;
      this.java = j;
      this.html = h;
    }
    void showDXSInfo() {                                     // 方法:显示大学生信息
      String str;
      str = "学号:" + this.id + ",姓名:" + this.name + ",性别:" + this.sex + ",
java:" + this.java + ",html:" + this.html;
      System.out.println(str);
    }
}
```

上面程序中,子类 DXS 除了继承父类的属性和方法外,还新定义了 2 个属性(java、html)和 2 个方法(setDXSInfo、showDXSInfo)。

例 23 VIP 会员类的设计。

在柳橙汁美食家管理系统中,以会员类为基类,设计 VIP 会员类。可用如下代码实现。

```
public class VIPHuiYuan extends HuiYuan {
                                            //子类 VIPHuiYuan 继承父类 HuiYuan
    String jiBie;                                    // 会员级别:黄金、白银、普通
    VIPHuiYuan() {                                              // 构造方法:无参
    }
    VIPHuiYuan(String xm, int kh, int jf, String jb) {     // 构造方法:4 个参数
      super(xm, kh, jf);                                   // 调用父类的构造方法
      this.jiBie = jb;
    }
    VIPHuiYuan(HuiYuan hy, String jb) {                    // 构造方法:2 个参数
      super(hy.getXingMing(), hy.getKaHao(), hy.getJiFen());
                                                           // 调用父类的构造方法

      this.jiBie = jb;
    }
    // Setter 方法和 Getter 方法
    StringgetJiBie() {
      return jiBie;
```

```
        }
        void setJiBie(String jb){
            this.jiBie = jb;
        }
    }
```

上面程序中,子类VIPHuiYuan除了继承父类的属性和方法外,还新定义了一个属性jiBie,用以表示会员级别;同时新定义了该属性对应的Setter方法和Getter方法,用于存取数据。以上代码所表示的继承关系如图45所示。

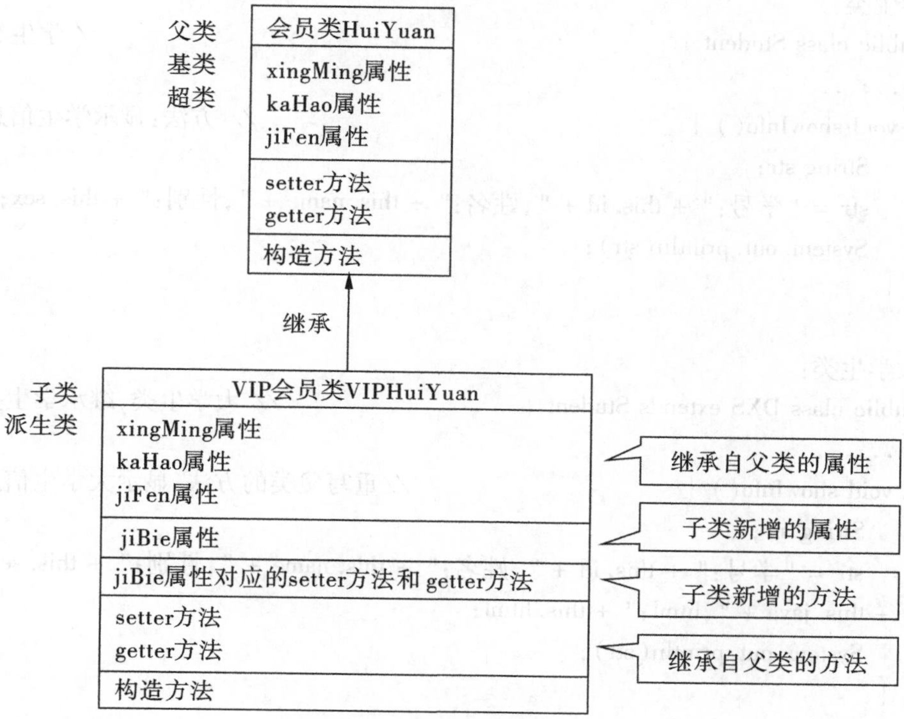

图45 会员类中的继承关系

知识点2 方法的重写

1. 在子类中,可以重写父类中的方法,从而可以使得子类方法的功能与父类方法不同。

2. 在子类中重写的方法,要与父类中的方法同名同参同类型,即:具有相同的名称,相同的参数(参数的类型、数量和顺序都相同),相同的返回值类型。

3. 当子类重写父类的成员方法时,子类对象只能直接访问本子类中的重写的方法,这种情况叫做父类中的方法被覆盖(隐藏)。当然,父类对象也只能直接访问本父类中的被重写的方法。子类也可以重定义父类中已有的成员属性,情况与方法的重写类似。这意味着,在有重写方法或重定义属性的情况下,父、子类只能直接访问各自的重写或重定义成员。

4. 如果子类中的方法与父类中的方法只同名不同参(返回值类型不限),这种情况属于方法的重载。在调用该方法时,系统会根据实际参数的情况自动决定调用的是子类的方法还是父类的方法。

例 24 学生类中的方法重写。

在"例 22"中,我们可以将子类(DXS 类)的 showDXSInfo 方法改名为 showInfo,即与父类(Student 类)中的方法同名同参同类型,从而让子类重写父类的方法。同时编写测试类进行测试,如下面的代码所示。

学生类:

```
public class Student {                                        // 学生类
  ......
  void showInfo() {                                     // 方法:显示学生信息
    String str;
    str = "学号:" + this.id + ",姓名:" + this.name + ",性别:" + this.sex;
    System.out.println(str);
  }
}
```

大学生类:

```
public class DXS extends Student {                  // 大学生类,继承学生类
  ......
  void showInfo() {                          //重写父类的方法:显示大学生信息
    String str;
    str = "学号:" + this.id + ",姓名:" + this.name + ",性别:" + this.sex + ",
java:" + this.java + ",html:" + this.html;
    System.out.println(str);
  }
}
```

测试类:

```
public class Test {                                              // 测试类
  public static void main(String[ ] args) {
    Student s = new Student();                             // 父类对象 s
    s.setInfo(190303, "张三", "男");
    s.showInfo();                                        //调用父类的方法
    DXS d = new DXS();                                     // 子类对象 d
    d.setDXSInfo(190505, "王五", "男", 51, 52);
    d.showInfo();                                    //调用子类重写的方法
  }
}
```

运行结果如图 46 所示。

```
学号：190303，姓名：张三，性别：男
学号：190505，姓名：王五，性别：男，java：51.0，html：52.0
```

图 46 “例 24”运行结果

上面的程序中，showInfo 方法被重写，该方法在测试类中有两处被调用：s. showInfo( ) 和 d. showInfo( )。从运行结果可知，前者调用的是父类中的方法(因为只输出 3 个属性的值)，而后者调用的是子类中的方法(因为输出 5 个属性的值)。

例 25　学生类中的方法重载。

在“例 24”中，子类(DXS 类)中的 setDXSInfo 方法与父类(Student 类)中的 setInfo 方法的功能类似，区别只是在于它们要设置的属性的数量不同(方法参数的数量不同)。如果我们将这两个方法的名称改为相同，那么它们是同名不同参的，属于方法的重载。同时编写测试类进行测试，如下面的代码所示。

学生类：

```
public class Student {                                    // 学生类
  ......
  void setInfo(int id, String name, String sex) {         // 方法:设置学生信息
    this.id = id;
    this.name = name;
    this.sex = sex;
  }
}
```

大学生类：

```
public class DXS extends Student {                        // 大学生类,继承学生类
  ......
  void setInfo(int id, String name, String sex, double j, double h) {
                                                          //重载父类的方法
    this.id = id;
    this.name = name;
    this.sex = sex;
    this.java = j;
    this.html = h;
  }
}
```

测试类：

```
public class Test {                                       // 测试类
  public static void main(String[ ] args) {
```

```
        DXS d = new DXS();
        d.setInfo(190404, "李四", "女");
                                        //调用父类中被重载的方法(3 个参数)
        d.showInfo();
        d.setInfo(190505, "王五", "男", 51, 52);
                                          //调用子类中重载的方法(3 个参数)
        d.showInfo();
    }
}
```

运行结果如图 47 所示。

```
学号：190404，姓名：李四，性别：女，java：0.0，html：0.0
学号：190505，姓名：王五，性别：男，java：51.0，html：52.0
```

图 47 "例 25"运行结果

上面的程序中，setInfo 方法被重载，该方法在测试类中有两处被调用：d. setInfo(190404, "李四", "女")和 d. setInfo(190505, "王五", "男", 51, 52)。那么，每次调用的是父类还是子类中的方法呢？这个由系统根据实际参数的情况自动匹配。前者，因为是 3 个实际参数，所以调用的是父类中的方法；而后者，因为是 5 个实际参数，所以调用的是子类中重载的方法。从运行结果也可以验证这一点。

知识点 3　构造方法的继承

在 Java 中，不仅成员属性和成员方法可以被子类所继承，而且其构造方法也能被子类所继承或调用，但要看具体的情况而定。

1. 子类无条件继承父类的无参构造方法。
2. 子类不能继承父类的有参构造方法。
3. 默认情况下，在创建子类对象时，自动执行父类的无参构造方法，再执行自己的构造方法。
4. 构造方法的执行顺序是"自顶向下，逐层执行"，即：向上回溯到最顶层的父类，从最顶层的父类开始，顺序执行，直到最开始调用的底层的构造方法。
5. 如果构造方法中有执行语句，那么先执行父类的构造方法，再执行子类构造方法中的其他语句。

例 26　构造方法的继承与执行顺序。

假设高职生类继承大学生类，大学生类继承学生类。为了测试构造方法的继承情况和执行顺序，我们为这三个类分别设计无参的构造方法和有参的构造方法，另外设计测试类，代码如下所示。

学生类：

```
public class Student {                                          // 学生类
    ......
```

```
    Student() {                                              // 构造方法 1
        System.out.println("Student 的构造方法 1:无参");
    }
    Student(int id, String name, String sex) {               // 构造方法 2
        System.out.println("Student 的构造方法 2:有参");
        ......
    }
}
```

大学生类:

```
public class DXS extends Student {                           // 大学生类,继承学生类
    ......
    DXS() {                                                  // 构造方法 1
        System.out.println("DXS 的构造方法 1:无参");
    }
    DXS(int id, String name, String sex, double j, double h) {   // 构造方法 2
        System.out.println("DXS 的构造方法 2:有参");
        ......
    }
}
```

高职生类:

```
public class GZS extends DXS {                               // 高职生,继承大学生类
    ......
    GZS() {                                                  // 构造方法 1
        System.out.println("GZS 构造方法 1:无参");
    }
    GZS(double z) {                                          // 构造方法 2
        System.out.println("GZS 构造方法 2:有参");
        ......
    }
}
```

测试类:

```
public class Test {                                          // 测试类
    public static void main(String[] args) {
        GZS g= new GZS();                                    //调用无参的构造方法
        g=new GZS(99);                                       //调用有参的构造方法
    }
}
```

运行结果如图 48 所示。

```
Student的构造方法1：无参
DXS的构造方法1：无参
GZS构造方法1：无参
Student的构造方法1：无参
DXS的构造方法1：无参
GZS构造方法2：有参
```

图 48 “例 26”运行结果

上面程序中，分别通过 new GZS( ) 和 new GZS(99) 调用了高职生类的构造方法。从运行结果可知，构造方法的执行顺序是：(1) 第一层父类——学生类(Student 类)的构造方法；(2) 第二层父类——大学生类(DXS 类)的构造方法；(3) 第三层子类——高职生类(GZS 类)本身的构造方法，即“自顶向下，逐层执行”。运行结果同时也说明了：(1) 子类继承了父类的无参构造方法；(2) 即使子类调用的是有参的构造方法，执行(继承)的仍然是父类的无参构造方法。上述构造方法的执行顺序如图 49 所示。

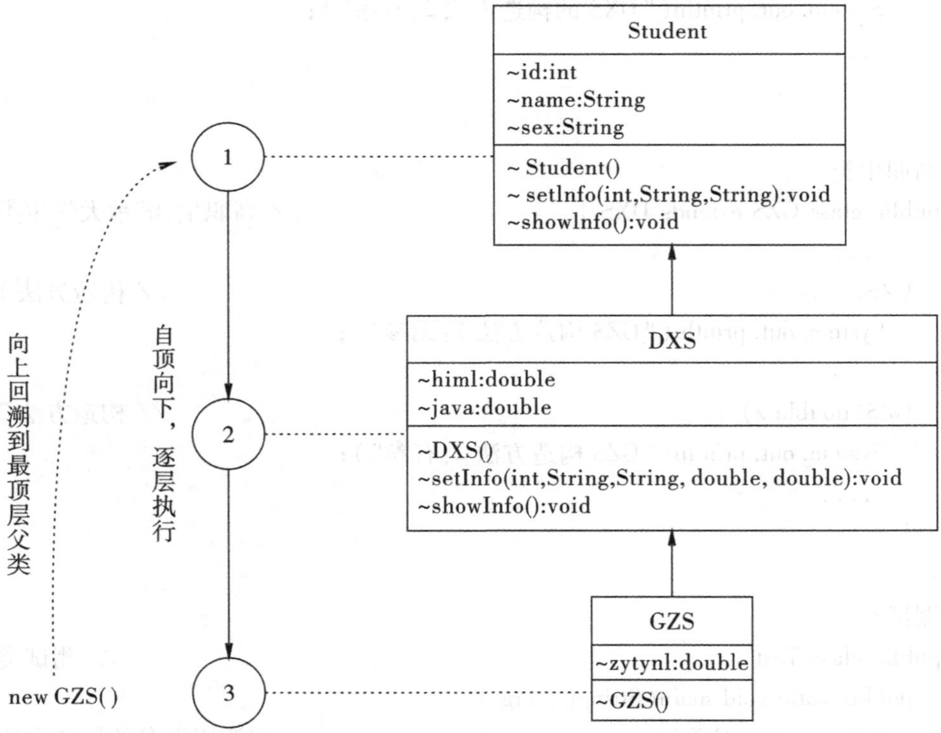

图 49 “例 26”中构造方法的执行顺序

知识点 4 super 关键字

super 关键字为我们提供了由子类访问父类的方式。

1. 通过 super 关键字,可以调用父类的任意一个构造方法,也可以调用父类的其他成员属性和成员方法。

2. 使用 super 调用父类的构造方法。

(1)语法格式:如图 50 所示。

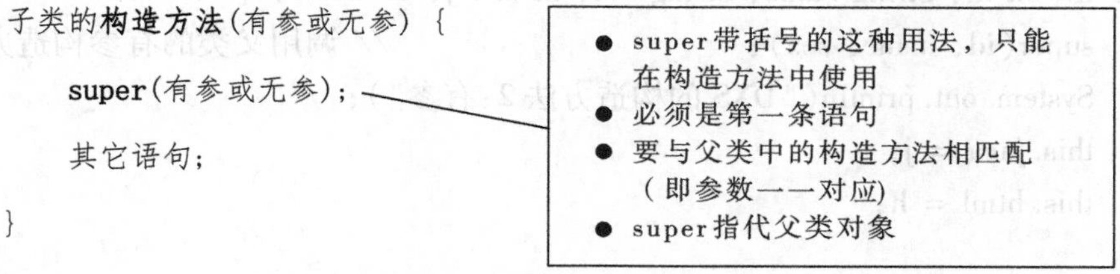

图 50 使用 super 调用父类的构造方法

(2)说明:

1)super 的这种用法,只能在子类的构造方法中使用,而不能在其他方法中使用。

2)super 的这种用法,必须作为构造方法的第一条语句使用,其他语句只能在它之后。

3)所调用的父类的构造方法,可以是有参的,也可以是无参的。

4)如果所调用的父类的构造方法是有参的,那么要与父类中的相应的构造方法相匹配,即其参数必须一一对应。

5)super 的这种用法,可以理解为,super 指代父类对象。

例 27 使用 super 调用父类的构造方法。

对"例 26"进行修改,在子类的构造方法中使用 super 关键字调用父类的构造方法,然后在测试类中测试其调用(执行)情况,代码如下所示。

学生类:

```
public class Student {                                        // 学生类
    int id;                                                   // 学号
    String name;                                              // 姓名
    String sex;                                               // 性别
    Student() {
        System.out.println("Student 的构造方法 1:无参");
    }
    Student(int id, String name, String sex) {
        System.out.println("Student 的构造方法 2:有参");
        this.id = id;
        this.name = name;
        this.sex = sex;
    }
}
```

大学生类：

```
public class DXS extends Student {                      // 大学生类,继承学生类
  double java;                                                    // java 成绩
  double html;                                                    // html 成绩
  DXS(int id, String name, String sex, double j, double h) {
    super(id, name, sex);                            // 调用父类的有参构造方法
    System.out.println("DXS 的构造方法 2:有参");
    this.java = j;
    this.html = h;
  }
}
```

高职生类：

```
public class GZS extends DXS {                        // 高职生类,继承大学生类
  double zytynl;                                          // 职业通用能力成绩
  GZS(int id, String name, String sex, double j, double h, double z) {
    super(id, name, sex, j, h);                      // 调用父类的有参构造方法
    System.out.println("GZS 构造方法 2:有参");
    this.zytynl = z;
  }
  void showInfo() {
    String str;
    str = "学号:" + this.id + " 姓名:" + this.name + " 性别:" + this.sex + "
java:" + this.java + " html:" + this.html + " zytynl:" + this.zytynl;
    System.out.println(str);
  }
}
```

测试类：

```
public class Test {                                                   // 测试类
  public static void main(String[ ] args) {
    GZS g = new GZS(1901001, "李一", "女", 72, 82, 92);
    g.showInfo();
  }
}
```

运行结果如图 51 所示。

```
Student的构造方法2：有参
DXS的构造方法2：有参
GZS构造方法2：有参
学号：1901001 姓名：李一 性别：女 java：72.0 html：82.0 zytynl：92.0
```

图 51 “例 27”正常运行结果

从运行结果可知,通过 super 可以调用父类的构造方法,从而可以节省部分代码,比如给成员属性赋值。如果在大学生类中,将语句“super(id, name, sex);”删掉,则运行结果如图 52 所示。

```
Student的构造方法1:无参
DXS的构造方法2:有参
GZS构造方法2:有参
学号:0 姓名:null 性别:null java:72.0 html:82.0 zytynl:92.0
```

图 52　“例 27”删除调用父类有参运行结果

这进一步说明了子类无条件继承父类的无参构造方法,如果在子类的构造方法中不使用 super 关键字来调用父类的有参构造方法,那么也会自动调用父类的无参构造方法。

3. 使用 super 调用父类的成员。

(1)语法格式:

调用父类的成员属性:　super. 属性

调用父类的成员方法:　super. 方法(参数)

(2)说明:

1)super 的这种用法,可以在子类的任何一个方法中使用。

2)这里的属性和方法必须是父类的,不能是子类本身的。

3)这里的属性和方法不能用 private 修饰,即必须能被子类可见。

4)这里的属性和方法可以是在本类中被重定义(重写)的,即:使用 super 可以访问父类中被隐藏的属性和方法。

例 28　使用 super 调用父类的成员。

对“例 27”进行修改,在子类的成员方法中使用 super 关键字调用父类的成员方法,然后在测试类中测试其调用(执行)情况,代码如下所示。

学生类:

```
public class Student {                                  // 学生类
    int id;                                             // 学号
    String name;                                        // 姓名
    String sex;                                         // 性别
    void setInfo(int id, String name, String sex) {
        System.out.println("Student 的成员方法:设置学生、姓名、性别");
        this.id = id;
        this.name = name;
        this.sex = sex;
    }
}
```

大学生类:

```
public class DXS extends Student {                      // 大学生类,继承学生类
```

```
    double java;                                                // java 成绩
    double html;                                                // html 成绩
    void setCJ(double j, double h) {
        System.out.println("DXS 的成员方法:设置 java 和 html 成绩");
        this.java = j;
        this.html = h;
    }
}
```

高职生类:

```
public class GZS extends DXS {                     // 高职生类,继承大学生类
    double zytynl;                                     // 职业通用能力成绩
    void showInfo() {
        String str;
        super.setInfo(1901001, "李一", "女");      // 调用学生类中的成员方法
        super.setCJ(71,81);                         // 调用大学生类中的成员方法
        this.zytynl=91;
        str = "学号:" + this.id + " 姓名:" + this.name + " 性别:" + this.sex + "
java:" + this.java + " html:" + this.html +" zytynl:" + this.zytynl;
        System.out.println(str);
    }
}
```

测试类:

```
public class Test {                                                // 测试类
    public static void main(String[ ] args) {
        GZS g = new GZS();
        g.showInfo();
    }
}
```

运行结果如图 53 所示。

```
Student的成员方法：设置学生、姓名、性别
DXS的成员方法：设置java和html成绩
学号：1901001 姓名：李一 性别：女 java：71.0 html：81.0 zytynl：91.0
```

图 53　“例 28”运行结果

从运行结果可知,通过 super 可以调用父类的成员方法,从而可以访问父类中的指定成员。

知识点 5　访问权限

封装是面向对象的特性之一。封装,不仅要将属性和方法定义在一起(成为一个类),还要对类及其属性和方法起到一定的保护作用。通过访问权限的设置,可以对类及其属性进行保护。

1. 访问权限概述。

(1)访问权限:本书中的访问权限,是指对类或类中的成员进行的各种方式和各种级别的保护的统称。

(2)设置访问权限:可以通过包、访问权限修饰符(4 个)两种方式及其综合作用来实现访问权限控制。

(3)访问权限的作用对象:访问权限的作用对象,包括类本身,类中的属性和方法。

(4)访问权限的作用范围:不同情况下的访问权限如表 2 所示(打√的表示在该范围内可访问)。

表 2　访问权限及可见性

<table>
<tr><th rowspan="3">访问权限修饰符</th><th colspan="5">修饰类中的成员</th><th rowspan="3">修饰类</th></tr>
<tr><th rowspan="2">本类</th><th colspan="2">同包</th><th colspan="2">不同包</th></tr>
<tr><th>子类</th><th>其他类</th><th>子类</th><th>其他类</th></tr>
<tr><td>public</td><td>√</td><td>√</td><td>√</td><td>√</td><td>√</td><td>任何包任何类</td></tr>
<tr><td>protected</td><td>√</td><td>√</td><td>√</td><td>√</td><td>×</td><td>--</td></tr>
<tr><td>(默认)</td><td>√</td><td>√</td><td>√</td><td>×</td><td>×</td><td>同包中任何类</td></tr>
<tr><td>private</td><td>√</td><td>×</td><td>×</td><td>×</td><td>×</td><td>--</td></tr>
<tr><td>说明</td><td>本类能访问自身的任何成员</td><td colspan="2">本包中的任何类都可以访问除了 private 之外的任何成员</td><td>不同包中的子类只能访问父类中的 public 和 protected 成员</td><td>只有 public 成员才能被其他包中的类所访问</td><td>类只有 public 和默认两种权限修饰符。其中默认权限的类只能在本包中被访问</td></tr>
</table>

续表 2

举例 1						
A 在包 p1 中	修饰类中的成员:包 p1 中的类 A 有 4 种权限的成员					修饰类
	本类 A	同包 p1		不同包 p2		
		A1(继承 A)	T1	A2(继承 A)	T2	
访问范围	A 能访问 A 中的任何成员	A1 能访问 A 中除了 private 之外的任何成员 T1 能访问 A 中除了 private 之外的任何成员		A2 只能访问 A 中的 public 和 protected 成员	T2 只能访问 A 中的 public 成员	如果 A 用 public 修饰,则 A、A1、A2、T1、T2 能访问 A 如果 A 不用任何权限修饰符:A、A1、T1 能访问 A
举例 2						
A	修饰类中的成员:A 有 4 种权限的成员					修饰类
	A 本人	近邻		外地		
		子孙	他人	子孙	他人	
访问范围	完全权限	住在近邻的任何人(包括子孙和他人)都能访问 A 中除了 private 之外的任何成员		住在外地的子孙只能访问 A 中的 public 和 protected 成员	住在外地的他人只能访问 A 中的 public 成员	如果 A 用 public 修饰,则任何人都能访问 A 如果 A 不用任何权限修饰符,则只有住在近邻的任何人能访问 A

(5)访问权限的体现:用访问权限修饰符所修饰的类或成员,在如下场景中被引用,能体现其可访问范围:在本类的方法中引用成员、在本类的类体外通过对象名引用成员、在本类的子类中的方法中引用成员、在本类体中或本类体外引用类名。在可访问的应用场景下,可以对类或成员进行引用,Eclipse 自动检查语法无误,程序可运行。如果在该场景下无访问权限,则无法对类或成员进行引用,即使强行写下代码也会出现语法错误。

2. 包。

(1)包是对类的一种管理方式,在物理上,包是一个存放若干个类文件的文件夹;在逻辑上,包是具有逻辑关系的若干个类的集合。

(2)在开发 Java 程序时,按照功能相似的原则或关系紧密的原则将类放在不同的包中,以方便对类进行管理,也可以避免类重名,还可以控制类及其成员的访问权限。

(3)定义包(打包):

格式:package 包名;

作用:将当前程序文件中的类放到指定的包中(文件夹中)。

说明:

1)这条语句必须放在第一行。

2)这条语句最多只能有一条。

3)包名一般用小写字母。

4)包名可以是多级层次结构的包,如:包名.子包名1.子包名2……。

5)如果没有这条语句,则默认将类放在源文件所在的文件夹中。

(4)导入包(引入包中的类):

格式:import 包名.类名;

作用:将其他包中的类引入当前的程序文件中,以便在本程序文件中直接引用该类。

说明:

1)包名可以是多级层次结构的包,如:包名.子包名1.子包名2……。

2)类名可以是 *,表示将该包之下的所有类都导入进来。

3)导入类时,不包括该包之下的子包。

(5)包的权限控制:

同包和不同包中的类,具有不同的访问权限,具体见表2。

3.访问权限修饰符。

(1)Java 中的访问权限修饰符有4个,如表3所示。

表3 访问权限修饰符

访问权限修饰符	中文含义	权限说明	关于修饰成员的举例:同包-近邻、不同包-外地、子类-子孙、其他类-他人
public	公有的	公有成员可以被任何包的任何类访问(任何地方都可以访问); 公有类可以被任何包的任何类访问(任何地方都可以访问)	完全开放,任何人都可以访问
protected	保护的	保护成员可以被同包的任何类以及任何子类访问(其他包的非子类不能访问); 无保护类	近邻和子孙可以访问(外地的、他人不能访问)
(什么都不写)	默认的	默认成员可以被同包的任何类访问(其他包的任何类都不能访问); 默认类可以被同包的任何类访问(其他包的任何类都不能访问)	仅近邻可以访问(外地的、子孙和他人都不能访问)
private	私有的	私有成员只能被本类访问(本类之外的其他类,包括其子类,都不能访问本类的私有成员); 无私有类	完全封闭,只有自己能访问

(2)访问权限修饰符可以修饰类中的属性和方法,也可以修饰类本身。如果是修饰类本身,则只能是 public 或默认。

(3)使用访问权限修饰符,可以对类、属性和行为进行一定的保护,实现封装。尤其是避免用户或开发者触碰那些不该触碰的部分,同时也使得类库设计者在修改类时不必担心会对用户造成重大影响。

(4)访问权限修饰符的使用:

修饰类中的属性:

访问权限修饰符 修饰符 数据类型 属性名 =初值;

修饰类中的方法

访问权限修饰符 修饰符 数据类型 方法名(参数列表) {

......

}

修饰类本身:public 或不写　修饰符　class　类名 {

......

}

(5)使用访问权限修饰符对父类成员设置了权限以后,子类从父类继承所有的属性和方法,连同它们的权限也继承下来。此时,无论是通过父类还是通过子类访问这些成员,其权限是一样的。

例 29　访问权限修饰符及其可访问范围。

下面的程序,展示了在包及访问权限修饰符的共同作用下,类中的成员的可访问范围。

Father 类:

```
package p1;
public class Father {                                                    // 父类
  public int public_i = 1;
  protected int protected_i = 2;
  int default_i = 3;
  private int private_i = 4;
  public void public_showInfo() {
    System.out.println("这是 Father 类中的 public 方法:pb_i 的值为" + public_i);
  }
  protected void protected_showInfo() {
    System.out.println("这是 Father 类中的 protected 方法:pt_i 的值为" + protected
_i);
  }
  void default_showInfo() {
    System.out.println("这是 Father 类中的(default)方法:df_i 的值为" + default_
i);
```

```
    }
    private void private_showInfo( ) {
        System. out. println( "这是 Father 类中的 private 方法:pv_i 的值为" + private_i);
    }
}
```

Son1 类:

```
package p1;
public class Son1 extends Father {                          // 本包中的子类
    void showInfo( ) {                                      // 方法:引用父类中的属性和方法
        System. out. println( "这是 Son1 类中的方法:可以引用的父类成员有:" );
        this. public_i=11;
        this. protected_i=21;
        this. default_i=31;
        // 错误的引用:this. private_i=41;
        this. public_showInfo( );
        this. protected_showInfo( );
        this. default_showInfo( );
        // 错误的调用:this. private_showInfo( );
    }
}
```

Son2 类:

```
package p2;
import p1. * ;
public class Son2 extends Father {                          // 不同包中的子类
    void showInfo( ) {                                      // 方法:引用父类中的属性和方法
        System. out. println( "这是 Son2 类中的方法:可以引用的父类成员有:" );
        this. public_i=11;
        this. protected_i=21;
        //错误的引用:this. default_i=31;
        //错误的引用:this. private_i=41;
        this. public_showInfo( );
        this. protected_showInfo( );
        //错误的引用:this. default_showInfo( );
        // 错误的调用:this. private_showInfo( );
    }
}
```

Test1 类:

```
package p1;
```

```
public class Test1 {                                          // 本包中的测试类
    public static void main(String[ ] args) {
        // 在本包中引用类的成员
        Father f = new Father( );
        System.out.println("--在本包中引用类的成员:可以引用的成员有:");
        f.public_showInfo( );                                 // 在本包中引用类成员
        f.protected_showInfo( );                              // 在本包中引用类成员
        f.default_showInfo( );                                // 在本包中引用类成员
        // 错误的调用:f.private_showInfo( );                   // 在本包中引用类成员
        // 在本包中通过子类对象引用其父类的成员
        Son1 s1 = new Son1( );
        System.out.println("--在本包中引用子类本身的成员:");
        s1.showInfo( );                                       //引用子类本身的成员
        System.out.println("--在本包中通过子类对象引用其父类的成员:可以引用的
父类成员有:");
        s1.public_showInfo( );                          // 通过子类对象引用父类成员
        s1.protected_showInfo( );                       // 通过子类对象引用父类成员
        s1.default_showInfo( );                         // 通过子类对象引用父类成员
        // 错误的调用:s1.private_showInfo( );            // 通过子类对象引用父类成员
    }
}
```

Test2 类:

```
package p2;
import p1.*;
public class Test2{                                            // 不同包中的测试类
    public static void main(String[ ] args) {
        // 在不同包中引用类的成员
        Father f = new Father( );
        System.out.println("--在不同包中引用类的成员:可以引用的成员有:" );
        f.public_showInfo( );                                // 在不同包中引用类成员
        // 错误的调用:f.protected_showInfo( );               // 在不同包中引用类成员
        // 错误的调用:f.defult_showInfo( );                  // 在不同包中引用类成员
        // 错误的调用:f.private_showInfo( );                 // 在不同包中引用类成员
        // 在不同包中通过子类对象引用其父类的成员
        Son2 s2 = new Son2( );
        System.out.println("--在不同包中引用子类本身的成员:" );
        s2.showInfo( );                                       // 引用子类本身的成员
        System.out.println("--在不同包中通过子类对象引用其父类的成员:可以引用
```

```
的父类成员有:" );
        s2.public_showInfo();                   // 通过子类对象引用父类成员
        // 错误的调用:s2.protected_showInfo();   // 通过子类对象引用父类成员
        // 错误的调用:s2.defult_showInfo();      // 通过子类对象引用父类成员
        // 错误的调用:s2.private_showInfo();     // 通过子类对象引用父类成员
    }
}
```

以上程序,定义了 5 个类,分别属于 2 个包,其中有 3 个类存在继承关系;Father 类中的 4 个成员属性和 4 个成员方法,已分别用 4 种访问权限修饰符进行修饰,同时在成员的命名中包含了访问权限修饰符,如图 54 所示。

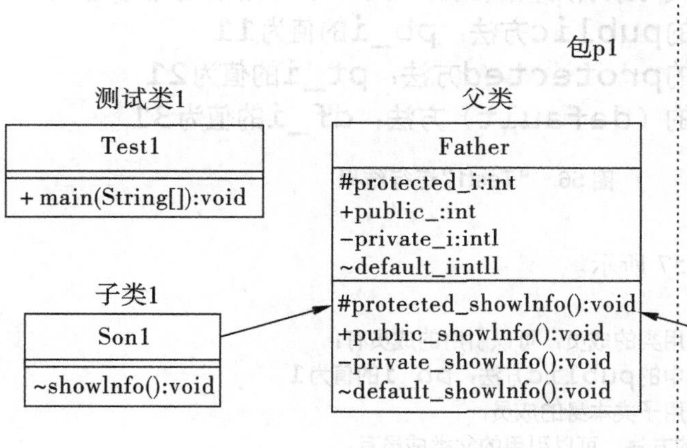

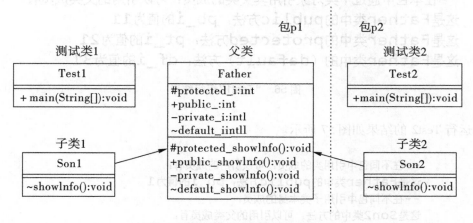

图 54　“例 29”中父子类之间的关系

在 Eclipse 中的项目结构如图 55 所示。

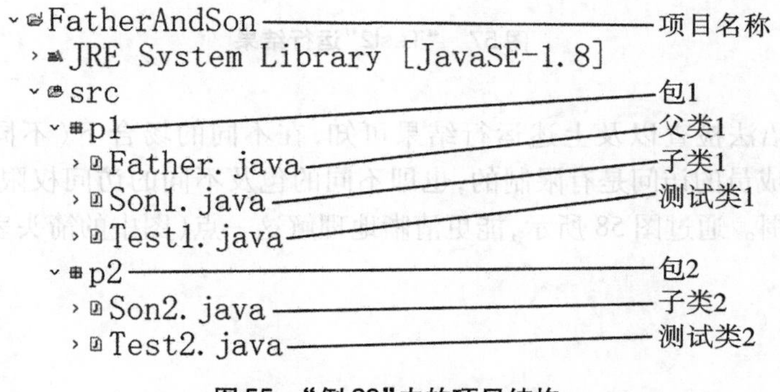

图 55　“例 29”中的项目结构

运行 Test1 的结果如图 56 所示。

```
--在本包中引用类的成员：可以引用的成员有：
这是Father类中的public方法：pb_i的值为1
这是Father类中的protected方法：pt_i的值为2
这是Father类中的（default）方法：df_i的值为3
--在本包中引用子类本身的成员：
这是Son1类中的方法：可以引用的父类成员有：
这是Father类中的public方法：pb_i的值为11
这是Father类中的protected方法：pt_i的值为21
这是Father类中的（default）方法：df_i的值为31
--在本包中通过子类对象引用其父类的成员：可以引用的父类成员有：
这是Father类中的public方法：pb_i的值为11
这是Father类中的protected方法：pt_i的值为21
这是Father类中的（default）方法：df_i的值为31
```

图 56　“Test1”运行结果

运行 Test2 的结果如图 57 所示。

```
--在不同包中引用类的成员：可以引用的成员有：
这是Father类中的public方法：pb_i的值为1
--在不同包中引用子类本身的成员：
这是Son2类中的方法：可以引用的父类成员有：
这是Father类中的public方法：pb_i的值为11
这是Father类中的protected方法：pt_i的值为21
--在不同包中通过子类对象引用其父类的成员：可以引用的父类成员有：
这是Father类中的public方法：pb_i的值为11
```

图 57　“Test2”运行结果

从程序的语法检查以及上述运行结果可知，在不同的场合下（不同的包和不同的类），程序对类成员的访问是有限制的，也即不同的包及不同的访问权限修饰符，具有不同的可访问范围。通过图 58 所示，能更清晰地理解这一点（图中的箭头表示调用关系）。

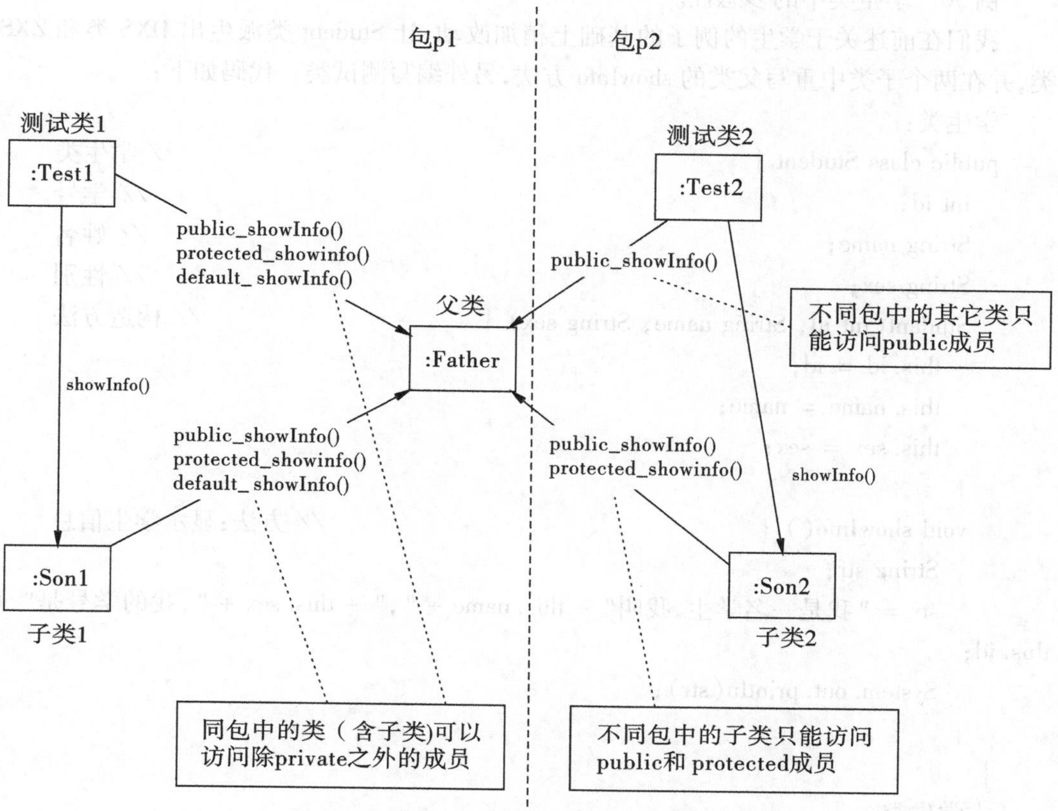

图 58　“例 29”中父子类的调用关系和访问权限

知识点 6　多态性

1. 多态:同一类的对象的不同行为称为多态性。多态性必须是发生在同一类(及其子类)对象之中的,不同类的对象即使行为不同也不能称为多态性。

2. 实现多态的前提条件:一是有继承关系;二是子类重写父类的方法。

3. 实现多态的方法:

(1)定义一个父类,并派生出若干个子类。

(2)子类对继承自父类的方法进行重写(使之有子类自身的行为)。

(3)定义父类对象,但是实例化为子类对象。

格式:父类　父类对象 = 子类实例。

(4)通过父类对象调用被子类重写的方法(以使子类行为表现出来)。

格式:父类对象.子类重写的方法(……)。

4. 多态的优点:只需要定义一个父类的对象(变量),就能指向所有的子类实例,从而节约内存空间;在调用重写的方法时,系统自动判断并匹配相应的方法,不需要程序员进行人工判断,从而提高程序开发效率;同一接口(同一对象和同一方法)也能实现多种行为,从而提高程序可读性和运行的稳定性。

例 30 学生类中的多态性。

我们在前述关于学生的例子的基础上稍加改动，让 Student 类派生出 DXS 类和 ZXS 类，并在两个子类中重写父类的 showInfo 方法，另外编写测试类。代码如下：

学生类：

```
public class Student {                                          // 学生类
  int id;                                                       // 学号
  String name;                                                  // 姓名
  String sex;                                                   // 性别
  Student(int id, String name, String sex) {                    // 构造方法
    this.id = id;
    this.name = name;
    this.sex = sex;
  }
  void showInfo() {                                             // 方法：显示学生信息
    String str;
    str = "我是一名学生,我叫" + this.name + "," + this.sex + ",我的学号是" +
this.id;
    System.out.println(str);
  }
}
```

大学生类：

```
public class DXS extends Student {                              // 大学生类
  double java;                                                  // java 成绩
  double html;                                                  // html 成绩
  DXS(int id, String name, String sex, double j, double h) {    // 构造方法
    super(id, name, sex);
    this.java = j;
    this.html = h;
  }
  void showInfo() {                              //重写父类的方法:显示大学生信息
    String str;
    str = "我是一名大学生,我叫" + this.name + "," + this.sex + ",我的学号是"
+ this.id + "\n";
    str = str + "我的成绩是:java:" + this.java + ",html:" + this.html;
    System.out.println(str);
  }
}
```

中学生类：

```
public class ZXS extends Student {                    // 中学生类
    double math;                                      // 数学成绩
    double phy;                                       // 物理成绩
    double chm;                                       // 化学成绩
    ZXS(int id, String name, String sex, double m, double p, double c) {
                                                      // 构造方法
      super(id, name, sex);
      this.math = m;
      this.phy = p;
      this.chm = c;
    }
    void showInfo() {                 //重写父类的方法:显示中学生信息
      String str;
      str = "我是一名中学生,我叫" + this.name + "," + this.sex + ",我的学号是"
+ this.id + "\n";
      str = str + "我的成绩是:数学:" + this.math + ",物理:" + this.phy + ",化学:"
+ this.chm;
      System.out.println(str);
    }
  }
```

测试类:

```
public class Test {                                   // 测试类
  public static void main(String[] args) {
    Student s;                                        // 父类对象 s
    s = new Student(190303,"张三","男");              // s 实例化为学生类实例
    s.showInfo();                                     // 调用父类的方法
    s = new DXS(190404,"李四","女",41,42);// s 实例化为大学生实例
    s.showInfo();                                     // 调用子类重写的方法
    ZXS z = new ZXS(190505,"王五","男",51,52,53);
                                        // 定义中学生类对象 z 并实例化
    s = z;                                            // s 实例化为中学生类实例
    s.showInfo();                                     // 调用子类重写的方法
  }
}
```

运行结果如图 59 所示。

```
我是一名学生，我叫张三，男，我的学号是190303
我是一名大学生，我叫李四，女，我的学号是190404
我的成绩是：java：41.0，html：42.0
我是一名中学生，我叫王五，男，我的学号是190505
我的成绩是：数学：51.0，物理：52.0，化学：53.0
```

图 59　“例 30”运行结果

程序中的 Student 类有两个子类：DXS 类和 ZXS 类，这两个子类都重写了父类的 showInfo 方法。在测试类中，定义了 s 为父类（Student 类）对象，但是 s 先后实例化为 Student、DXS、ZXS 类的实例并调用重写的 showInfo 方法进行输出显示（注意语句 s = z 是将子类对象 z 赋值给其父类对象 s，其作用相当于将父类对象 s 实例化为子类实例）。从运行结果可知，这三次调用的 showInfo 方法虽然名称相同，但它们分别属于 Student、DXS、ZXS 类的方法，因此执行了不同的操作，具有不同的行为表现。这就是多态性的体现。同时，我们看到了同一个变量 s，执行同一条调用语句 s. showInfo( )，却能表现出不同的行为，即代码统一却功能多样，这就是多态的优越性所在。

知识点 7　instanceof 运算符

由于类的多态性，有时候我们难以判断一个实例到底属于哪个类，此时，可以用 instanceof 运算符来进行判断。

1. instanceof 运算符：instanceof 是一个运算符，用于判断一个对象是否是某一个类的实例。

2. instanceof 的使用：

语法格式：对象 instanceof 类名。

运算结果：运算结果是一个 boolean 型值。如果该对象是该类名或其子类的一个实例，则返回 true，否则返回 false。

3. instanceof 通常用于条件判断，进而可以进行其他相关的操作。

例 31　instanceof 及实例的从属关系。

在“例 30”中，我们新增一个 Test2 类，用于测试每个实例所属的类，代码如下。

```
public class Test2 {                                              // 测试类
    public static void main(String[ ] args) {
        Student s = null;                                         // 父类对象 s
        inst(s);                                                  // 判断 s 是谁的实例
        s = new Student(190303, "张三", "男");                    // s 实例化为学生类实例
        s.showInfo( );                                            // 调用父类的方法
        inst(s);                                                  // 判断 s 是谁的实例
        s = new DXS(190404, "李四", "女", 41, 42);// s 实例化为大学生实例
        s.showInfo( );                                            // 调用子类重写的方法
```

```
        inst(s);                                      // 判断 s 是谁的实例
        s = new ZXS(190505, "王五", "男", 51, 52, 53);
                                                      // s 实例化为中学生实例
        s.showInfo();                                 // 调用子类重写的方法
        inst(s);                                      // 判断 s 是谁的实例
    }
    static void inst(Object s) {                      // 方法:判断 s 是谁的实例
        String str = "";
        if (s == null) {
            str = str + "尚未创建实例  ";
        }
        if (s instanceof Student) {
            str = str + "Student 的实例  ";
        }
        if (s instanceof DXS) {
            str = str + "DXS 的实例  ";
        }
        if (s instanceof ZXS) {
            str = str + "ZXS 的实例  ";
        }
        if (s instanceof Test) {
            str = str + "Test 的实例  ";
        }
        System.out.println("s 是" + str);
    }
}
```

运行结果如图 60 所示。

```
s是尚未创建实例
我是一名学生，我叫张三，男，我的学号是190303
s是Student的实例
我是一名大学生，我叫李四，女，我的学号是190404
我的成绩是：java：41.0，html：42.0
s是Student的实例 DXS的实例
我是一名中学生，我叫王五，男，我的学号是190505
我的成绩是：数学：51.0，物理：52.0，化学：53.0
s是Student的实例 ZXS的实例
```

图 60　“例 31”运行结果

在 Test2 类中定义了一个方法 inst,用于判断对象属于哪个类的实例,并输出结果。然后在 main 方法中,在每个创建实例的语句之后调用 inst 方法,从而可以判断每次 s 所指向的实例到底属于哪个类。从程序的运行结果来看,子类(DXS 类和 ZXS 类)的实例也属于其父类 Student 的实例。

知识点 8　反射机制

一个类的对象可以指向任意一个子类实例,当我们要根据该实例所属的子类的不同而调用其特有的方法时,需要用到反射机制。比如:猫类、狗类和兔类都属于动物类的子类。其中猫类有一个独有的“抓老鼠”方法;狗类有一个独有的“打猎”方法;兔类有一个独有的“跳兔子舞”方法。我们定义一个动物类的对象,在程序运行过程中该对象可以指向这三个子类中的任何一个实例。我们希望当该对象指向的是猫类的实例时,调用猫类的“抓老鼠”方法;当该对象指向的是狗类的实例时,调用狗类的“打猎”方法;当该对象指向的是兔类的实例时,调用兔类的“跳兔子舞”方法。显然,这是一个“由实例引用类”的逆向过程,只能通过反射机制才能实现功能。

1. Java 的反射机制是在运行状态中,对于任意一个类,能够知道这个类的所有属性和方法;对于任意一个对象,能够调用它的任意一个方法和属性;这种动态获取信息以及动态调用对象的功能称为反射机制。

2. 利用反射机制,可以由对象实例,反过来获取类的信息。

3. 关于反射机制的常用方法及应用举例,如表 4 所示。

表 4　反射机制的常用方法

功能	方法及其应用举例(s 为某个类的对象)
获取类	s. getClass( )
获取类名(含包)	s. getClass( ). getName( )
获取类名(不含包)	s. getClass( ). getSimpleName( )
获取属性的值(获取本类及父类的 public 属性)	对于 String 型:s. getClass( ). getField("属性名"). get(s) 对于 int 型:s. getClass( ). getField("属性名"). getInt(s) ......
获取属性的值(获取本类自身的所有属性)	对于 String 型:s. getClass( ). getDeclaredField("属性名"). get(s) 对于 int 型:s. getClass( ). getDeclaredField("属性名"). getInt(s) ......
执行方法(执行本类及父类的 public 方法)	s. getClass( ). getMethod("方法名"). invoke(s)
执行方法(执行本类自身的所有方法)	s. getClass( ). getDeclaredMethod("方法名"). invoke(s)
获取父类	s. getSuperclass( )

4. 关于反射机制的很多方法,必须要强制进行异常处理,通常要配合 try-catch 语句来使用,如下:

```
try {
    //反射机制有关的方法调用语句
  } catch (Exception e) {
    System. out. println(e);
  }
```

有关异常处理及 try-catch 语句,详见项目阶段四部分。

例 32　反射机制应用。

在"例 31"中,要获取对象 s 的学号和姓名,并执行其 showInfo 方法,我们可以在 Test2 类中插入如下代码。

```
try {
    System. out. println(s. getClass(). getField("id"). getInt(s));
                                              // 获取 id 属性的值(int 型)
    System. out. println(s. getClass(). getField("name"). get(s));
                                              // 获取 name 属性的值(String 型)
    s. getClass(). getDeclaredMethod("showInfo"). invoke(s);
} catch (Exception e) {
    System. out. println(e);
}
```

五、实现任务

对于第三大点中所确定的开发任务,我们逐条解决,并针对其中的重点和关键点,通过以下要点设计实现。

1. 新增设计 VIP 会员类(继承 HuiYuan 类)。

在定义 VIP 会员类时,要注意几点:

(1)必须继承 HuiYuan 类。

(2)新增"会员级别"属性及其 Setter 方法和 Getter 方法。

(3)参照 HuiYuan 类,有无参的和有参的构造方法。

阶段代码 5　VIP 会员类的设计。

详细代码请参见"例 23",关键代码如下:

```
public class VIPHuiYuan extends HuiYuan {
  private String jiBie;                          // 会员级别:黄金、白银、普通
  public VIPHuiYuan(String xm, int kh, int jf, String jb) {
    super(xm, kh, jf);
    this. jiBie = jb;
```

```
    }
    ......
}
```

2. 在会员业务类中,新增创建 VIP 会员对象。

在 HuiYuanDao 类的 chuShiHua 方法中,用类似如下的代码来创建 VIP 会员对象即可:

```
hy4 = new VIPHuiYuan("洪七公", 444, 8000, "白银");
```

3. 在会员业务类中,增加关于会员级别的显示。

(1)为了便于判断会员的级别,可在 HuiYuanDao 类中新增 HuiYuanJiBie 方法。该方法判断会员对象是否属于 VIP 会员,如果是,则利用反射机制获取会员级别,最终将会员级别(字符串)返回。

阶段代码 6 HuiYuanJiBie()方法的设计。

```
// 方法:判断会员级别,参数:会员对象,返回"黄金"、"白银",如果会员为普通会员或者 null 则返回空串
public String HuiYuanJiBie(HuiYuan hy) {
    if (hy == null) {
    return "";
    } else {
      String jb = "";
    try {
       jb = (hy instanceof VIPHuiYuan) ? (String) hy.getClass().getMethod("getJiBie").invoke(hy) : "";                // 反射机制
    } catch (Exception e) {
      System.out.println("反射机制异常:" + e);
    }
      return jb;
    }
}
```

(2)修改 HuiYuanDao 类的 shuChuHuiYuanLieBiao 方法中的代码,调用新增的 HuiYuanJiBie 方法以获取会员级别,然后将之显示出来。

阶段代码 7 shuChuHuiYuanLieBiao()方法的设计。

```
......
System.out.println("姓名\t\t 卡号\t\t 积分\t 是否 VIP");
System.out.println(hy1.getXingMing() + "\t\t" + hy1.getKaHao() + "\t\t" + hy1.getJiFen() + "\t" + this.HuiYuanJiBie(hy1));//调用 HuiYuanJiBie 方法以获取会员级别
......
```

4. 为所有的类及其成员属性和成员方法设置合适的访问权限。

实体类和业务类一般要求对数据进行私密性保护,即对其成员属性用 private 进行修

饰;同时开放方法,以便外界存取数据和执行业务流程,即对其成员方法用 public 进行修饰。后续阶段也遵循这个原则,即对于私密数据或有规范性要求的数据,用 private 进行保护;对于需要外界访问的数据,用 public 修饰其 Setter 和 Getter 方法;对于需要与外界进行交互的业务操作方法,也用 public 修饰。

六、验证成果

本阶段的任务,通过程序设计、编码和调试,应达到以下几点要求。

1. 能正确设计 VIP 会员类 VIPHuiYuan。注意 VIPHuiYuan 类应继承 HuiYuan 类,有新增的会员级别属性及相应的 Setter 方法和 Getter 方法,有无参的和有参的构造方法。

2. 在会员业务类 HuiYuanDao 的初始化方法中,增加对 VIP 会员的初始化。

3. 在会员业务类 HuiYuanDao 中,增加显示会员级别的方法。注意该方法能判断普通会员和 VIP 会员,并能正确获取其级别。

4. 在会员业务类 HuiYuanDao 的显示会员方法中,增加显示会员级别,如图 61 所示。

-------------------3.查看会员-------------------

会员级别

序号	姓名	卡号	积分	是否VIP
1	黄药师	111	8000	白银
2	欧阳锋	222	4500	
3	段皇爷	333	4800	
4	洪七公	444	8000	白银
5	王重阳	555	10000	黄金
6	杨过	601	10000	黄金
7	小龙女	602	5000	
8	郭靖	777	10000	黄金
9	周伯通	888	10000	黄金

请按 任意键+回车 返回主菜单...

图 61　“查看会员”界面中的会员级别

5. 确保实体类和业务类的所有成员属性是 private(私有)的,而成员方法是 public(公共)的。

6. 程序结构清晰、代码规范,关键代码和重要代码有备注,程序的可读性良好。

七、项目阶段小结

1. 本项目的任务主要是实现 VIP 会员及权限控制。重点在于实现 VIP 会员,其实质是派生出 VIP 会员类这个子类,并利用该子类对会员对象进行初始化和显示会员级别。

2. 继承:是面向对象的三大特性之一,是指在原有的类的基础上派生出新的类。通过继承,可以在不用重写代码的基础上复用父类的属性和方法,从而可以简化代码并提高开发效率。

3. 多态:是面向对象的三大特性之一。子类可以重定义/重写父类中的成员,从而使子类可以具有自己独特的数据或行为。在此基础上,通过父类对象指向不同的子类实例,可以使得同一对象在程序运行过程中具有行为多样性,这就是多态性。

4. 构造方法的继承:子类不但继承了父类的成员属性和成员方法,也继承了父类的无参构造方法;继承时构造方法的执行顺序是"自顶向下,逐层执行",即构造一个对象的顺序是自上而下的。

5. 访问权限:通过包和访问权限修饰符,可以对类及其成员设置访问权限。不同的包、不同的类、是否有继承关系以及不同的访问权限修饰符,综合起来,形成不同的可访问范围。一般地,对于实体类和业务类,我们要用 private 对其属性进行保护,而用 public 对其方法进行开放。

6. 两个逆向操作:通过 super 可以调用父类的构造方法和成员属性、成员方法;通过反射机制,可以由对象实例获取类的信息进而执行相关的操作。

7. 两个相关知识:instanceof 运算符可以判断一个对象实例是否属于某个类;反射机制中的很多方法,必须要强制进行异常处理,即要配合 try-catch 语句来使用。

项目阶段三

实现商品列表和会员列表(对象数组)

一、问题描述

此前,虽然我们已实现少量、固定的商品/会员信息的存储和显示,但在实际生活中,商品和会员的数量是巨大的,并且是随时变动的。我们需要有较好的办法,能实现大批量的、动态的商品/会员信息的存储和批量操作。

根据现项目阶段所掌握的知识及能力水平,为了控制问题的难度,本项目阶段仅从存储、输入(添加)和输出(列表显示)这三方面实现对大批量的、动态的商品/会员信息进行操作。

二、问题分析

之前,有多少个对象(商品/会员),我们就需要定义多少个变量,这种方法,需要在程序编码阶段(程序运行之前)把所要操作的对象的数量固定下来,以单个变量的方式来进行操作。这种方法带来了很多弊端:其一,所定义的变量是固定的,无法批量操作,不利于程序扩展;其二,所要操作的对象的数量是固定的,无法在程序运行状态下"动态"地添加、修改和删除对象;其三,程序代码冗长,可读性差。在现实生活中,这种方法是不符合实际应用的。

因此,本项目阶段要解决的问题的实质是:如何实现对象的批量操作和动态性操作。到目前为止,我们已学的符合这两个要求的数据类型是数组,它的特点和优点如下。

1. 数组是一个有序的集合,对数组的操作,可以是对数组中单个元素的操作,也可以是对数组中多个元素批量的操作(通过循环对多个元素进行操作)。

2. 数组中所有的元素都是同一数据类型时,我们可以将数组称为对象数组。其类型可以是基本数据类型,也可以是引用类型(类)。

3. 无论数组有多少个元素,只需要在定义时对数组长度进行设定,不需要额外增加代码量。

4. 通过数组名带下标即可方便地访问数组中的任意一个元素,如果配合循环语句则可以方便地对所有的元素进行访问(遍历)。

本项目阶段,我们不需要对运行界面和主要功能进行修改,只需要将原来用单个变量表示商品/会员的方式，改为用对象数组来表示。此时，对于商品/会员的操作，也就是对对象数组及其元素的操作，主要包括创建对象（创建数组元素对象）、输入和输出对象（输入和输出数组元素）、对所有的数组元素进行批量操作（遍历）等。

三、确定任务

基于上面的分析，本项目阶段的任务，就是利用对象数组，实现对多条商品/会员信息的存储和操作。具体包括：

1. 修改商品/会员操作类：将成员属性定义为对象数组；修改其成员方法，使用对象数组来实现商品/会员的相关操作。

2. 在商品/会员操作类中，新增一个方法，用以输入商品/会员（在列表的最后添加商品/会员），并修改 Menu 类以调用该方法。

四、学习探究

本阶段新增的技术难点，主要在于对象数组及其应用。

知识点1　什么是对象数组

1. 所谓对象数组，与之前所学的数组类似，只不过对象数组中的每一个元素都是同一类的对象。为了与基本数据类型的数组相区别，我们称为对象数组。

2. 定义对象数组时，其数据类型是类，而数组元素可以是该类的对象，也可以是其子类的对象，即：可以定义数组的数据类型为父类，而在初始化或给元素赋值时可以是其类或任意子类的对象。在定义对象组时，要注意不能把别的类的对象给数组元素赋值。

3. 对象数组的使用与基本数据类型的数组基本相同，如：都具有 length 属性，都可通过“数组名[下标]”的方式访问指定的元素，都可以配合循环语句对所有元素进行遍历等。

4. 对象数组中的元素，实际存储的是对某个对象实例的引用（对象名），也是对整个对象的指向。因此，要想访问封装在对象中的具体信息，还需要通过“.”去访问对象的属性和方法。

5. 对于对象数组，不仅要对数组本身进行初始化（为数组开辟内存空间），还要对数组元素所指向的对象进行实例化（为对象开辟内存空间和存储数据）。

6. 对象数组可以是一维的，也可以是多维的。本书只介绍一维的对象数组。

知识点2　对象数组的基本用法

1. 对象数组的定义和初始化。

语法格式：类名[ ]　数组名 = new　类名[ ] { 对象列表 }；

说明：

(1)这些对象必须是属于同一个类或其子类。

(2)对象数组的定义和初始化、元素对象的实例化这些操作，可以分步完成，也可以将其中的若干个步骤合并完成,详情可见表5中一些组合方式。

表5　数组的定义和初始化形式

序号	使用方式	语法格式	说明
1	定义并初始化数组	类名[ ]　数组名 = new　类名[长度];	定义数组,初始化数组,未实例化元素对象
2	定义和初始化分开	类名[ ]　数组名; 数组名 = new　类名[长度];	定义数组,初始化数组,未实例化元素对象
3	[ ]在数组名之后	类名　数组名[ ] = new　类名[长度];	定义数组,初始化数组,未实例化元素对象
4	创建数组的同时实例化	类名[ ]　数组名 = new　类名[ ]{ new　类名(...), new　类名(...), ... };	定义数组,初始化数组,实例化元素对象,根据实例个数确定数组长度
5	用已有实例来创建数组	类名[ ]　数组名 = {实例1, 实例2, ...};	定义数组,初始化数组,实例化元素对象,根据实例个数确定数组长度

例33　对商品对象数组进行定义、初始化和实例化。

```
//方式1.创建的数组有5个元素,但它们未指向具体的实例
ShangPin[ ] shangPinLieBiao = new ShangPin[5];
//方式2.创建的数组有5个元素,但它们未指向具体的实例
ShangPin[ ] shangPinLieBiao;
shangPinLieBiao = new ShangPin[5];
//方式3.创建的数组有5个元素,但它们未指向具体的实例
ShangPinshangPinLieBiao[ ] = new ShangPin[5];
//方式4.创建数组的同时实例化,根据实例个数确定数组长度为2
ShangPin[ ] shangPinLieBiao = new ShangPin[ ]{new ShangPin(1,"原味螺蛳粉","柳州正宗风味小吃", 7.5f, 1000, "2020-04-02"),new ShangPin(2, "鸭脚", "下酒好货", 3.0f, 500, "2020-04-05")};
//方式4(变化).先定义数组,再初始化数组同时实例化,根据实例个数确定数组长度为2
ShangPin[ ] shangPinLieBiao;
shangPinLieBiao = new ShangPin[ ]{new ShangPin(1, "原味螺蛳粉", "柳州正宗风味小吃", 7.5f, 1000, "2020-04-02"),new ShangPin(2, "鸭脚", "下酒好货", 3.0f, 500, "2020-04-05")};
//方式5.用已有实例来创建数组,根据实例个数确定数组长度为3
ShangPin sp1 = new ShangPin(1, "原味螺蛳粉", "柳州正宗风味小吃", 7.5f, 1000, "2020-04-02");
```

```
ShangPin sp2 = new ShangPin(2, "鸭脚", "下酒好货", 3.0f, 500, "2020-04-05");
ShangPin[ ] shangPinLieBiao;
shangPinLieBiao = new ShangPin[ ]{ sp1, sp2, new ShangPin(3, "卤蛋", "味道醇正", 2.0f, 600, "2020-04-05")};
```

2. 对象数组的长度。

对象数组的长度,即数组元素的个数,通过"数组名.length"即可获取(整数值)。

3. 对象数组的元素的引用。

元素的表示:数组名[下标]

说明:

(1)这样获取的只是该元素所指向的对象实例,相当于对象名。要想访问封装在对象中的具体信息,还需要通过"数组名[下标].成员"的方式才能访问对象的属性和方法。

(2)下标是一个整数,其范围是从0到数组长度减1。

(3)对数组元素的操作(赋值、运算、输入、输出等),跟单个变量表示的对象一样。

例34 使用对象数组对商品进行操作。

```
ShangPin sp1 = new ShangPin(1, "原味螺蛳粉", "柳州正宗风味小吃", 7.5f, 1000, "2020-04-02");
ShangPin sp2 = new ShangPin(2, "鸭脚", "下酒好货", 3.0f, 500, "2020-04-05");
ShangPin[ ] shangPinLieBiao = new ShangPin[5];
shangPinLieBiao[0] = sp1;
shangPinLieBiao[1] = new ShangPin(2, "鸡爪", "鲜辣酸爽", 1.5f, 550, "2020-04-05");
shangPinLieBiao[2] = new ShangPin(3, "卤蛋", "味道醇正", 2.0f, 600, "2020-04-05");
System.out.println("第1个商品是" + shangPinLieBiao[0].getMingCheng());
if (shangPinLieBiao[1].getJiaGe() == sp2.getJiaGe()) {
    System.out.println(shangPinLieBiao[1].getMingCheng() + "和" + sp2.getMingCheng() + "的价格一样");
} else {
    System.out.println(shangPinLieBiao[1].getMingCheng() + "和" + sp2.getMingCheng() + "的价格不一样");
}
int n = 10;
float zj = shangPinLieBiao[2].getJiaGe() * n;
System.out.println("购买" + n + "个" + shangPinLieBiao[2].getMingCheng() + "的总金额是" + zj + "元");
```

程序的运行结果如图62所示。

```
第1个商品是原味螺蛳粉
鸡爪和鸭脚的价格不一样
购买10个卤蛋的总金额是20.0元
```

图 62　“例 34”运行结果

由上可见,对象数组的元素表示的是对象,对对象数组元素的操作,就跟单个变量表示的对象的操作一样。

知识点 3　对象数组的遍历

遍历是指依照某种顺序(即沿着某条搜索路线),依次对集合中的每个元素访问一次并且只访问一次。这里的访问,可以是输入、输出、运算或处理等任何操作。由于遍历是对所有元素进行的操作,因此要结合循环语句来进行。遍历是集合的一种基本操作,是其他很多操作的基础。

由于数组在内存中是一块连续的区域,数组元素按顺序依次存放,数组的下标即体现了元素的排列顺序,因此数组的遍历,可以按照其下标顺序来进行。对象数组的遍历和普通数组的遍历方法一样,只是要注意对象数组中的每个元素都是一个对象。如果要访问对象中的成员属性或成员方法,还需要进一步使用“数组名[下标].成员”方式访问才行。

对象数组的遍历也有多种方式,以下方式最容易理解:

```
for (下标 = 0; 下标 <= 数组名.length - 1; 下标++) {
… 数组名[下标] …
}
```

例 35　正序和反序输出商品列表。

```
ShangPin[ ] shangPinLieBiao = new ShangPin[10];
......
//正序输出商品列表:
for (i = 0; i <= shangPinLieBiao.length - 1; i++) {
  if (shangPinLieBiao[i] ! = null) {
  System.out.println("" + shangPinLieBiao[i].getBianHao() + "\t" +
shangPinLieBiao[i].getMingCheng() + "\t\t" + shangPinLieBiao[i].getJiaGe() + "\
t" + shangPinLieBiao[i].getKuCun() + "\t" + shangPinLieBiao[i].getMiaoShu() + "\t\
t" + shangPinLieBiao[i].getShiJian());
  }
}
//反序输出商品列表:
for (i = shangPinLieBiao.length - 1; i >= 0; i--) {
  if (shangPinLieBiao[i] ! = null) {
   System.out.println(""+ shangPinLieBiao[i].getBianHao() + "\t" +
```

```
shangPinLieBiao[i].getMingCheng() + "\t\t" + shangPinLieBiao[i].getJiaGe() + "\t" + shangPinLieBiao[i].getKuCun() + "\t" + shangPinLieBiao[i].getMiaoShu() + "\t\t" + shangPinLieBiao[i].getShiJian());
    }
}
```

本例中,无论是正序还反序输出商品列表,都属于对象数组的遍历,因为:其一,每个商品都要输出并且只输出一次;其二,按照一定的顺序来输出。其中,正序输出时,遍历的顺序是按下标从小到大,而反序输出时,遍历的顺序是按下标从大到小。

例 36 商品的查询。

通过编号查找商品,返回商品对象,如果商品不存在或库存为 0,都返回 null。

```
public ShangPin chaXunShangPin(ShangPin[ ] shangPinLieBiao, int bh) {
    ShangPin sp = null;
    if (shangPinLieBiao != null) {
        for (int i = 0; i <= shangPinLieBiao.length - 1; i++) {
            ShangPin s = shangPinLieBiao[i];
            if (s != null && s.getBianHao() == bh && s.getKuCun() > 0) {
                                            //如果找到商品则立即跳出循环
                sp = s;
                break;
            }
        }
    }
    return sp;
}
```

本例中,要在商品列表中查找一个商品,就要对所有的商品逐一比对。因此该操作本质上也属于数组的遍历,或者说是在遍历的基础上做进一步的处理,比如:如果找到了就提前中止遍历并返回该商品。

五、实现任务

为了完成第三大点中所确定的开发任务,针对其中的重点和关键点,我们可以通过以下要点实现。

1. 修改商品操作类 ShangPinDao 和会员操作类 HuiYuanDao:将成员属性定义为对象数组;修改相对应的方法,使用对象数组来实现商品/会员的初始化、列表输出等操作。

阶段代码 8 修改商品操作类 ShangPinDao。

将成员属性(sp1、sp2... 等单个对象)改为对象数组 shangPinLieBiao ;修改 chuShiHua( ) 方法,通过对数组元素赋值来实现商品的初始化;修改 shuChuShangPinLieBiao( )方法,用数组遍历的方式输出每一个商品的信息。会员操作类

HuiYuanDao 的修改也同此,可参考以下代码。

```
public class ShangPinDao {
    private static ShangPin[ ] shangPinLieBiao = new ShangPin[10];
                                                    //修改商品列表为对象数组
    public static void chuShiHua( ) {       //修改:使用对象数组,对元素进行赋值
        shangPinLieBiao[0] = new ShangPin(1, "原味螺蛳粉", "地方特色", 7.5f, 1000, "2020-04-02");
        shangPinLieBiao[1] = new ShangPin(2, "鸭脚", "下酒好货", 3.0f, 500, "2020-04-05");
        ......
    }
    public void shuChuShangPinLieBiao( ){
                                        //修改:用数组遍历的方式输出商品列表
        ......
        System.out.println("商品编号\t 商品名称\t\t 商品价格\t 库存数量\t 商品描述\t\t 上架时间");
        for (i = 0; i <= shangPinLieBiao.length - 1; i++) {
                                                    // 对象数组的遍历(输出)
            ShangPin p = shangPinLieBiao[i];
            if (p ! = null) {
                System.out.println("" + p.getBianHao( ) + "\t" + p.getMingCheng( ) + "\t\t" + p.getJiaGe( ) + "\t" + p.getKuCun( ) + "\t" + p.getMiaoShu( ) + "\t\t" + p.getShiJian( ));
            }
        }
    }
}
```

2.在商品操作类 ShangPinDao 和会员操作类 HuiYuanDao 中,新增一个方法,用以输入商品/会员(在列表的最后添加商品/会员),并修改 Menu 类以调用该方法。这里要考虑以下几个问题。

(1)在哪里添加新的商品/会员对象?由于数组长度是固定的,而实际的商品/会员的数量只能少于或等于数组长度。因此我们要找到数组中的第一个空位,以便添加新的对象。这就需要从数组的第一个元素开始进行逐个判断,即需要对数组进行遍历操作。

(2)添加多少个对象?可以只添加一个商品/会员对象,也可以添加多个商品/会员对象(使用循环)。

(3)需要输入哪些数据?由于商品/会员对象封装了多个数据成员,因此对于每一个对象,需要输入多个数据,而不只是一个数据。

阶段代码 9 修改商品操作类 ShangPinDao。

新增方法 shuRuShangPinLieBiao( ),用以输入多个商品(在列表的最后添加商品)。至于会员操作类 HuiYuanDao 中的新增方法也同此。

```
public static void shuRuShangPinLieBiao() {        // 新增方法:输入(添加)商品
    int bh;                                                  // 编号
    String mc;                                               // 名称
    float jg;                                                // 价格
    String ms;                                               // 描述
    int kc;                                                  // 库存数量
    String sj;                                               // 创建时间
    String yn;                                               // 是否继续输入
    Scanner input = newScanner(System.in);
    System.out.println("--添加商品--");
    do {
        System.out.println("请输入 商品编号:");
        bh = input.nextInt();
        System.out.println("请输入 商品名称:");
        mc = input.next().trim();
        System.out.println("请输入 商品价格:");
        jg = input.nextFloat();
        System.out.println("请输入 商品描述:");
        ms = input.next();
        System.out.println("请输入 库存数量:");
        kc = input.nextInt();
        System.out.println("请输入 创建时间:");
        sj = input.next();
        // 找到列表的最后位置:
        int i;
        for (i = 0; i <= shangPinLieBiao.length - 1; i++) {
            if (shangPinLieBiao[i] == null) {
                break;
            }
        }
        shangPinLieBiao[i] = new ShangPin(bh, mc, ms, jg, kc, sj);// 添加商品
        System.out.println("添加成功!");
        // 是否继续:
        System.out.println("\n 继续添加商品吗? [ n-结束  其他-继续 ]");
        yn = input.next().trim().toUpperCase();
    } while (! yn.equals("N"));
```

```
    System.out.println("\n 结束添加商品");
}
```

3. 修改 Menu 类：调用上面新增的输入(添加)商品/会员的方法，以实现在程序运行的过程中动态地添加商品信息。

阶段代码 10　在 Menu 类中调用输入(添加)商品的方法。

在 main()方法中，在初始化商品列表之后，调用 shuRuShangPinLieBiao()方法，可参考以下代码。至于会员操作类 HuiYuanDao 中的新增方法的调用也同此。

```
......
ShangPinDao.chuShiHua();                          // 初始化商品列表
ShangPinDao.shuRuShangPinLieBiao();     //输入(添加商品)：调用新增的方法
......
```

六、验证成果

本项目阶段的任务，通过程序设计、编码和调试，应达到以下要求。

1. 能正确定义对象数组，能对商品和会员进行正常的初始化和列表输出等操作。
2. 确保程序界面和主要功能不变。
3. 能在程序运行状态下添加商品和会员。
4. 程序结构清晰、代码规范、关键代码和重要代码有备注。

七、项目阶段小结

1. 本项目阶段的任务主要是能对商品/会员进行大批量的、动态的操作。其根本是要用对象数组来表示商品/会员列表，并在此基础之上实现商品/会员的初始化和输出显示等操作。

2. 对象数组：对象数组与普通数组类似，只不过对象数组中的每一个元素都是同一类的对象，即定义对象数组时，其数据类型是类。

3. 对象数组的每个元素都是一个对象，普通对象怎么用，那么数组元素就怎么用：数组名[下标].属性，数组名[下标].方法。

4. 对象数组本身要进行初始化(为数组开辟内存空间)，数组元素所指向的对象也要进行实例化(为元素对象开辟内存空间和存储数据)。

5. 对象数组也可以配合循环语句来实现遍历。

项目阶段四

防范商品与会员数量超出范围(异常处理)

一、问题描述

上一项目阶段(项目阶段三),我们通过对象数组保存多条商品/会员信息,通过遍历数组实现多条商品/会员的输入和输出。在对商品/会员进行“输入(添加)商品/会员”操作时,如果商品/会员数量已达到数组的最大容量,若继续添加商品/会员,程序就会因出错而中断运行,如图 63 所示。此时客户往往会不知所措,无法进行操作处理。

```
Exception in thread "main" java.lang.ArrayIndexOutOfBoundsException: 10
	at JD3.ShangPinDao.shuRuShangPinLieBiao(ShangPinDao.java:65)
	at JD3.Menu.main(Menu.java:17)
```

图 63　异常中断

本项目阶段,我们将进一步完善代码,解决上述异常中断问题。

二、问题分析

在 Java 中,导致程序中断运行的错误叫做异常。Java 有一套异常处理机制,能够捕获和处理异常。因为数组的长度是固定的,一旦确定无法更改,所以在用数组存储数据时,当超出数组容量时,就会出现异常。比如:

String arr[ ] = =new String[6]; arr[6] ="zhangsan"; 数组 arr 的长度为 6,下标从 0 到 5,如果存入超过 6 个以上的数据就会发生异常,这个异常是数组下标越界异常。在对数组进行动态的添加、插入等操作时,存在着数组下标越界的风险,因此通常我们需要对此进行异常处理。

对本系统来说,我们在商品/会员操作类的“输入(添加)商品/会员”方法中,通过查找商品/会员列表的最后位置,然后在最后添加新的商品/会员。在操作过程中一旦列表已满,则会发生下标越界,因此我们需要在此处进行异常处理。

三、确定任务

基于上面的分析,本阶段的任务,就是防止数组下标越界异常,实现异常的捕获与处理功能。

1. 修改商品操作类中的输入商品方法。在添加商品时,增加关于下标越界的异常处理。

2. 修改会员操作类中的输入会员方法。在添加会员时,增加关于下标越界的异常处理。

四、学习探究

本阶段涉及的知识点,主要是异常处理机制。

知识点1　什么是异常

1. 异常(Exception)是指导致程序中断运行的错误。代码可能在编译时没有错误,但是在运行时会出现异常,比如常见的空指针异常;也可能是程序可能出现无法预料的异常,比如你要从一个文件读信息,但是这个文件不存在,会出现文件不存在的异常。

2. Java 中将异常分为很多类,所有异常的根类为 java. lang. Throwable,如图 64 所示。

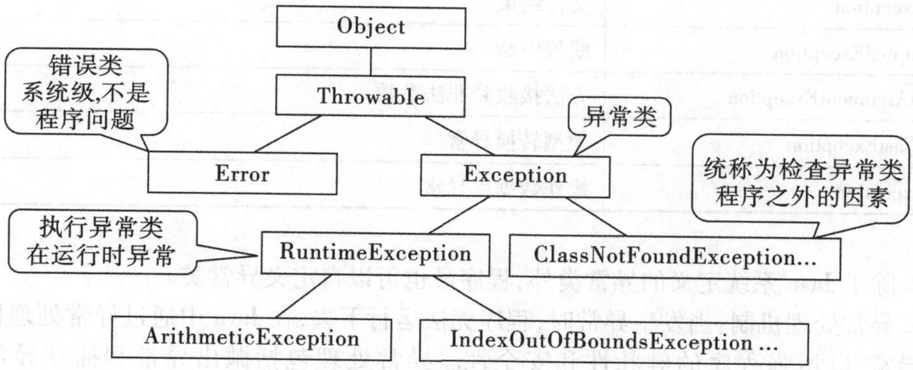

图 64　异常类的层次结构

(1)在 Throwable 类下有两个直接子类:错误(Error)和异常(Exception)。其中 Error 定义了在通常环境下不希望被程序捕获的异常,用于 Java 运行时由系统显示与运行时系统本身有关的错误,是程序无法处理的错误,表示运行应用程序中较严重的问题。大多数错误与程序员执行的操作无关,比如堆栈溢出,Java 虚拟机运行错误等。而 Exception 是程序本身可以处理的异常,是用户程序可能出现的异常情况,是可以通过程序代码来捕获和处理的异常,也是用来创建自定义异常的类。

(2)异常(Exception)又分为运行时异常(RuntimeException)和非运行时异常,也称为运行期异常和编译期异常,或不检查异常(Unchecked Exception)和检查异常(Checked

Exception)。运行时异常都是 RuntimeException 类及其子类,这类异常一般由程序逻辑错误引起,这些异常在程序中可以选择捕获处理,也可以不处理,如空指针异常、下标越界异常等。非运行时异常是指 RuntimeException 以外的异常,是必须要在程序代码中进行处理的异常,如果不处理,程序就不能编译通过,如输入输出异常、类错误异常等。

(3)一些常见的异常及其作用如表 6 所示:

表 6　常见的异常类

异常类型	说明
Exception	异常层次结构的根类
RuntimeException	运行时异常,多数 java. lang 异常的根类
ArithmeticException	算术谱误异常,如以零做除数
ArraylndexOutOfBoundException	数组大小小于或大于实际的数组大小
NullPointerException	尝试访问 null 对象成员,空指针异常
ClassNotFoundException	不能加载所需的类
NumberFormatException	数字转化格式异常,比如字符串到 float 型数字的转换无效
IOException	I/O 异常的根类
FileNotFoundException	找不到文件
EOFException	文件结束
InterruptedException	线程中断
IllegalArgumentException	方法接收到非法参数
ClassCastException	类型转换异常
SQLException	操作数据库异常

3. 除了 Java 系统定义的异常类外,程序员也可以自定义异常类。

4. 异常处理机制:当发生异常时,程序无法运行下去,在 Java 中通过异常处理机制来处理异常,以增强程序的健壮性和安全性。异常处理包括抛出异常和捕获异常两个环节。

(1)抛出异常:在一个方法的运行过程中,如果发生了异常,则这个方法会产生代表该异常的一个对象,并把它交给运行时系统,运行时系统寻找相应的代码来处理这一异常,这一过程称为抛出异常。

(2)运行时系统在方法的调用栈中查找,直到找到能够处理该类型异常的对象,这个过程称为捕获异常。

5. 异常处理的目的:对于可能会发生异常的代码,提前预见可能发生的异常并进行处理,避免程序运行中断而造成严重的后果,增强程序的健壮性和安全性。同时通过友好的提示,让用户或程序员知晓是什么回事,并尽可能提供与异常有关的信息,以便排查和纠正错误。明显不可能发生异常的代码,就不要进行异常处理。

6. 处理异常的关键字有:try、catch、finally、throws、throw。

知识点 2　使用 try-catch-finally 处理异常

1. try-catch-finally 语句的用法。

使用 try-catch-finally 语句可以捕获并处理异常,其用法如图 65 所示。

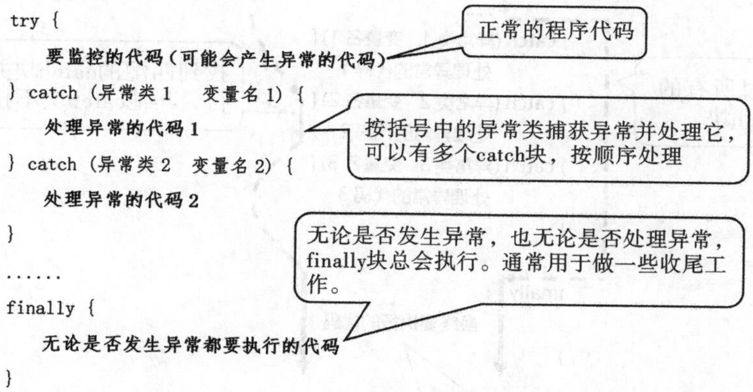
try {
要监控的代码(可能会产生异常的代码)
正常的程序代码
} catch (异常类 1　变量名 1) {
处理异常的代码 1
按括号中的异常类捕获异常并处理它,可以有多个catch块,按顺序处理
} catch (异常类 2　变量名 2) {
处理异常的代码 2
}
......
无论是否发生异常,也无论是否处理异常,finally块总会执行。通常用于做一些收尾工作。
finally {
无论是否发生异常都要执行的代码
}

图 65　try-catch-finally 语句的语法格式

2. try-catch-finally 语句的构成。

try-catch-finally 语句包含三个块,其中 try 块用来检测异常;catch 块用来捕获异常,可以有多个 catch 块,但是异常只被捕获一次;finally 块为一定会执行的代码。

3. try-catch-finally 语句可以有多种组合方式。

组合方式 1:try-catch-finally 这是最完整、最常见的组合方式。

组合方式 2:try-catch(可以多个 catch 块)即可以不用 finally 块。

组合方式 3:try-finally 没有 catch 块,即异常无法直接处理。

4. try-catch-finally 语句的执行流程。

如图 66 所示。

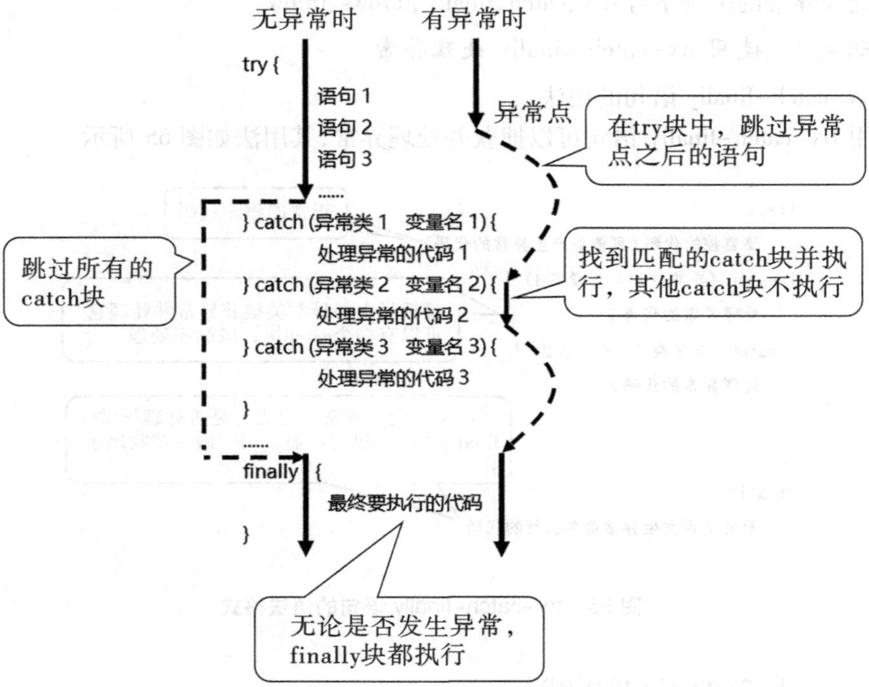

图 66　try-catch-finally 语句的执行流程

例 37　处理算术运算异常。

```
int a, b, c;
System.out.println("本程序将求两个整数相除的结果");
try {
    System.out.println("请输入两个整数:");
    Scanner sc = newScanner(System.in);
    a =sc.nextInt();
    b =sc.nextInt();
    c = a / b;
    System.out.println("结果是:" + c);
} catch (ArithmeticException e) {
    System.out.println("发生算术异常,请你根据如下异常代码进行排查:" + e);
} finally {
    System.out.println("程序运行结束");
}
```

本程序在未进行异常处理时,如果输入的数据是 5 和 0,因为除数是不能为 0 的,就会抛出一个算术异常,如图 67 所示。

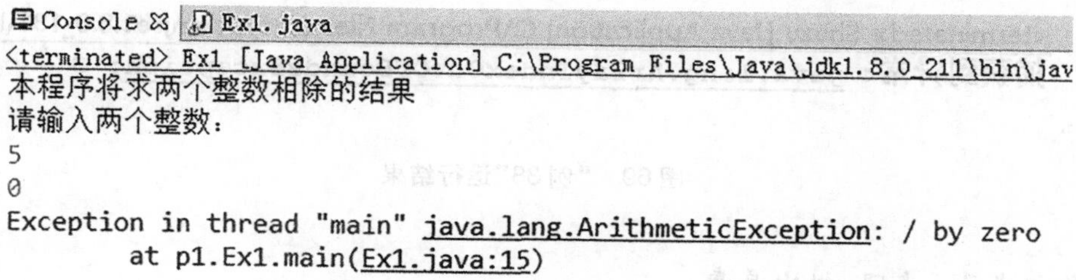
Console ⊠ Ex1.java
<terminated> Ex1 [Java Application] C:\Program Files\Java\jdk1.8.0_211\bin\jav
本程序将求两个整数相除的结果
请输入两个整数：
5
0
Exception in thread "main" java.lang.ArithmeticException: / by zero
at p1.Ex1.main(Ex1.java:15)

图 67　“例 37”运行结果

在进行异常处理之后，当输入的除数为 0 时，就会捕获这个算术异常，通过相对友好的提示信息，我们可以方便地排查错误，如图 68 所示。

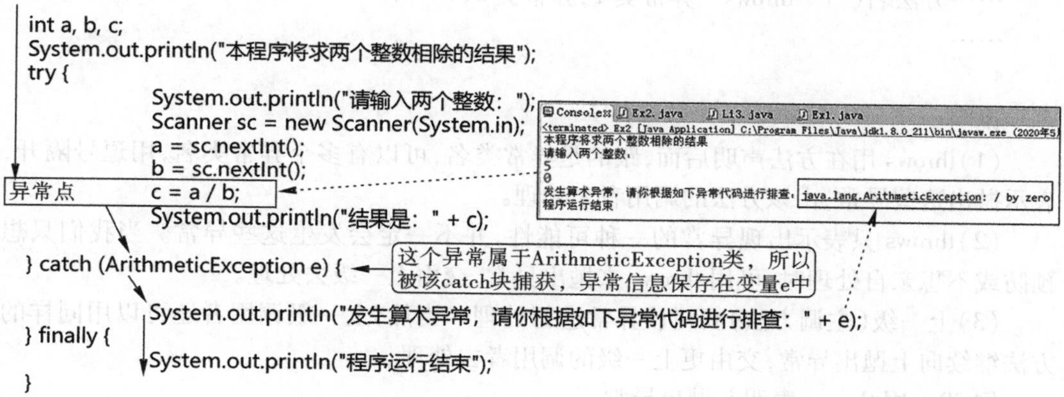
int a, b, c;
System.out.println("本程序将求两个整数相除的结果");
try {
System.out.println("请输入两个整数：");
Scanner sc = new Scanner(System.in);
a = sc.nextInt();
b = sc.nextInt();
异常点
c = a / b;
System.out.println("结果是：" + c);
} catch (ArithmeticException e) {
这个异常属于ArithmeticException类，所以被该catch块捕获，异常信息保存在变量e中
System.out.println("发生算术异常，请你根据如下异常代码进行排查：" + e);
} finally {
System.out.println("程序运行结束");
}
Console Ex2.java L13.java Ex1.java
<terminated> Ex2 [Java Application] C:\Program Files\Java\jdk1.8.0_211\bin\javaw.exe
本程序将求两个整数相除的结果
请输入两个整数：
5
0
发生算术异常，请你根据如下异常代码进行排查：java.lang.ArithmeticException: / by zero
程序运行结束

图 68　“例 37”中的异常处理过程

例 38　处理数组下标越界异常。

```
int a[ ] = {1,23,65};
try{
System. out. println(a[3]);
}catch(Exception e){
System. out. println("捕获到异常:"+e);
}
```

程序的运行结果如图 69 所示。

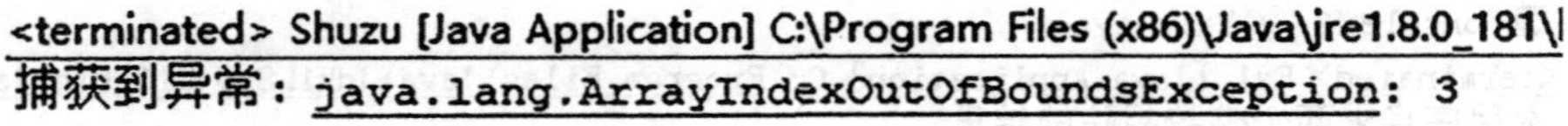
<terminated> Shuzu [Java Application] C:\Program Files (x86)\Java\jre1.8.0_181\
捕获到异常：java.lang.ArrayIndexOutOfBoundsException: 3

图 69　“例 38”运行结果

知识点 3　声明、抛出异常

处理异常的方法有很多种，可以在方法的内部处理异常，也可以将异常交由上级（主调方法）处理，还可以人为主动地抛出异常。

1. 声明并抛出异常：throws 用来声明一个方法可能产生的异常，但不做任何处理，而是将异常往上传，谁调用由谁处理。throws 的用法如下：

```
……方法名( )　throws　异常类 1，异常类 2，……{
……
}
```

说明：

（1）throws 用在方法声明后面，跟的是异常类名，可以有多个异常类名，用逗号隔开，表示抛出这些异常，由该方法的调用者来处理。

（2）throws 只表示出现异常的一种可能性，并不一定会发生这些异常。当我们只想预防或不想亲自处理时，可用 throws 来抛出异常，交由上一级去处理。

（3）上一级（主调方法）要对该异常进行处理。当然，上一级调用者还可以用同样的方法继续向上抛出异常，交由更上一级的调用者去处理。

例 39　用 throws 声明并抛出异常。

```
//主调方法：用 try-catch 处理异常
public void showInfo( ) {
  System.out.println(",姓名:" + this.name + ",年龄:" + this.age);
  try {
    this.readFile( );                                  // 调用另一个方法
  } catch (Exception e) {
    System.out.println("在主调方法中捕获并处理异常异常信息为:"+ e);
  }
}
//被调方法：用 throws 声明并抛出异常
public void readFile( ) throws Exception {
  BufferedReader reader = newBufferedReader(new FileReader("LCVC.txt"));
  String tempString = null;
  while ((tempString = reader.readLine( )) ! = null) {
    System.out.println(tempString);
  }
```

```
    reader.close();
}
```

本例中,被调方法 readFile()的功能是读取文件的内容,由于在读取外部文件时,很容易发生异常,比如文件不存在等,因此 Java 系统要求必须要对文件读写进行异常处理(属于检查异常)。若不想在本方法中对异常进行处理,可在方法头部加上 throws Exception,将异常提交给上级去处理。在其上级调用者,即方法 showInfo()中,用 try-catch 语句对该异常进行了处理。

2. 主动抛出异常:throw 用来抛出一个具体的异常对象。throw 关键字用在方法体内,人为主动抛出异常,通常与 if 语句配合使用。throw 的用法如下:

throw　异常类对象

说明:

(1)只要执行了 throw 语句,就一定能抛出异常。

(2)throw 只能抛出一个异常,不能多个。

(3)throw 抛出的异常,可以在本方法内处理,也可以再通过 throws 提交到上一级处理。

例 40　用 throw 抛出异常。

```
int n;
System.out.println("请输入年龄(整数):");
Scanner sc = newScanner(System.in);
n =sc.nextInt();
sc.close();
try {
  if (n < 0 || n > 150) {
                         // 如果年龄是负数,或者超过 150 岁,则主动抛出异常
    throw new RuntimeException();                  // 人为主动抛出异常对象
  }
  } catch (Exception e) {
    System.out.println("发生异常:年龄在 0-150 之外");
}
```

本例中,将 0-150 岁之外的年龄视为异常,创建了一个 RuntimeException 异常类的对象,并用 throw 关键字将其人为主动抛出,再通过 try-catch 语句对该异常进行了处理。

五、实现任务

按照第三大点中所确定的开发任务,本阶段要对输入(添加)商品/会员的部分增加异常处理。在此仅以商品为例进行分析和实现任务。输入(添加)商品的功能,我们可以通过以下方法来实现:先遍历数组,找到数组的第一个空元素(现有商品列表的后一个位置),再在该位置添加新的商品对象。当现有商品的数量已达到数组的最大容量时,所找

到的位置(下标)已超出数组的范围,从而会导致下标越界异常。因此,我们要在此处增加异常处理。

阶段代码 11 修改商品操作类中的输入商品方法。

修改 ShangPinDao 类中的 shuRuShangPinLieBiao( )方法,用 try-catch 语句将添加商品部分的代码包围起来进行异常处理。

```
// 找到列表的最后位置
int i;
for (i = 0; i <= shangPinLieBiao.length - 1; i++) {
    if (shangPinLieBiao[i] == null) {
        break;
    }
}
// 添加商品-增加异常处理
try {
    shangPinLieBiao[i] = new ShangPin(bh, mc, ms, jg, kc, sj);
                                                    //下标有可能会越界
    System.out.println("添加成功!");
    System.out.println("\n 继续添加商品吗?[ n-结束  其他-继续 ]");
    yn = input.next().trim().toUpperCase();
} catch (ArrayIndexOutOfBoundsException e) {
    System.out.println("发生异常:添加商品时,超出列表容量。将结束操作");
    break;
}
```

六、验证成果

本阶段的任务,通过程序设计、编码和调试,应达到以下目标。

1. 能保证在输入(添加)商品/会员时,如果已达到数组的最大容量,也不会产生程序中断。

2. 能够预见代码中可能会出现异常的地方,并进行异常处理,提高程序健壮性和安全性。

3. 程序结构清晰、代码规范、关键代码和重要代码有备注。

七、项目阶段小结

1. 本项目阶段的任务主要是通过异常处理,避免程序异常中断,从而提高程序的健壮性和安全性。

2. 异常(Exception)是指导致程序中断运行的错误。Java 中将异常分为很多类,所有异常的根类为 java. lang. Throwable,其下有两个直接子类:Error(错误)和 Exception(异常)。其中 Exception 是程序本身可以处理的异常,是可以通过程序代码来捕获和处理的异常。

3. 异常(Exception)分为运行时异常(RuntimeException)和非运行时异常,也称为运行期异常和编译期异常,或不检查异常(Unchecked Exception)和检查异常(Checked Exception)。运行时异常都是 RuntimeException 类及其子类,一般由程序逻辑错误引起。这些异常在程序中可以选择捕获处理,也可以不处理。非运行时异常是指 RuntimeException 以外的异常,是必须要在程序代码中进行处理的异常,如果不处理,程序就不能编译通过。

4. 异常处理的目的:提前预见可能发生的异常并进行处理,避免程序运行中断而造成严重的后果,增强程序的健壮性和安全性。同时通过友好的提示,让用户或程序员知晓是什么回事,并尽可能提供与异常有关的信息,以便排查和纠正错误。明显不可能发生异常的代码,就不要进行异常处理。

5. 在有可能发生异常的地方,使用 try-catch-finally 对异常进行捕获和处理。

6. 使用 throws 可以将可能发生的异常交由上级调用者去处理,而使用 throw 可以人为主动抛出一个具体的异常。

项目阶段五

实现动态增删商品与会员(ArrayList)

一、问题描述

上一项目阶段(项目阶段四),我们能够利用对象数组实现大量商品/会员的存储和批量操作(如遍历输出等),但是现实情况中,商品/会员的数量随时都在变化,而对象数组的长度是固定的,满足不了商品/会员数量动态变化的需求。这时我们就需要引入新的数据类型来解决上述问题。基于上述需求,本阶段,我们将使用"动态数组"来保存商品/会员,并实现商品/会员的后台管理操作,包括商品/会员的添加、删除、修改、查询等操作,如图 70 所示的所有菜单项功能。

```
****************柳橙汁美食家管理系统*****************

                 ---4.后台管理---
                 [1]   查看商品
                 [2]   添加商品
                 [3]   删除商品
                 [4]   修改商品
                 [5]   查看会员
                 [6]   添加会员
                 [7]   删除会员
                 [8]   修改会员
                 [0]   返回上级

请选择[0-8]:
```

图 70 "后台管理"界面

二、问题分析

商品/会员数量的变化,主要体现在商品/会员的添加与删除上。之前,我们使用对象数组来保存商品/会员,存在一定的弊端:数组的长度是固定的,由于事先不知道要保存多少个对象,我们只能将数组长度定义的很大,以避免容量不够。但是这样一来,当对象数量较少或者删除了一些对象之后,会造成部分数组元素是空闲的,导致内存空间的浪费,影响了数组操作的效率。同时,由于数组元素的位置是固定的,当我们随机删除了一些对象之后,会造成非空元素的位置是分散的(非空元素的下标不连续),非常不利于对数组进行相关的操作。因此,必须要采用长度可伸缩、方便进行添加和删除等操作的动态数组,才能从根本上解决这些弊端。

在 Java 中,ArrayList 类可满足上述需求。同时,利用 ArrayList 自带的方法及其优良特性,我们可以实现系统主菜单中的"后台管理"功能,包括商品/会员的增、删、改、查等操作。

三、确定任务

基于上面的分析,本项目阶段的任务,就是通过动态数组实现商品和会员信息的增、删、改、查等动态操作(主要是修改商品/会员操作类和 Menu 类),具体任务如下。

(一)修改商品操作类

1. 修改成员属性,改用 ArrayList 来定义商品列表。
2. 修改初始化方法和输出(显示)商品列表方法,改用 ArrayList 来实现。
3. 删除输入(添加)商品方法。
4. 增加"添加商品"方法,通过输入商品信息的方式来添加商品。
5. 增加"删除商品"方法,通过输入商品编号的方式来删除商品。
6. 增加"修改商品"方法,通过输入商品信息的方式来修改商品。
7. 根据实际情况增加相应的辅助性方法,供其他方法调用,简化程序,提高可读性。

(二)修改会员操作类

1. 修改成员属性,改用 ArrayList 来定义会员列表。
2. 修改初始化方法和输出(显示)会员列表方法,改用 ArrayList 来实现。
3. 删除输入(添加)会员方法。
4. 增加"添加会员"方法,通过输入会员信息的方式来添加会员。
5. 增加"删除会员"方法,通过输入会员卡号的方式来删除会员。
6. 增加"修改会员"方法,通过输入会员信息的方式来修改会员。
7. 根据实际情况增加相应的辅助性方法,供其他方法调用,简化程序,提高可读性。

(三)修改 Menu 类

1. 修改 menu4()方法,在各个菜单项之下,调用商品/会员操作类中的相应的方法,以实现菜单项对应的功能。
2. 修改 main()方法,将调用输入(添加)商品/会员方法的语句删除。

四、学习探究

本阶段涉及的知识点,主要是 ArrayList、泛型类及其应用等。

知识点1　API 文档

JDK 自带有很多包和类,这些类已实现了一些基本的或常用的功能,我们在开发程序时,可以导入这些包和类,从而可以直接使用其功能,大大提高开发效率。比如:ArrayList 是 java. util 包中的一个类;java. lang 包中的 Math 类,提供了各种数学函数(三角函数、平方根、绝对值等)。

想要了解 JDK 提供了哪些包和类,以及这些类怎么使用,首先要学会查阅 API 文档。API(Application Programming Interface,应用程序编程接口)是一些预先定义的函数(方法),目的是提供应用程序与开发人员得以访问一组例程的能力,而又无需访问源码或理解内部工作机制的细节。而 API 文档是一个关于如何使用和集成 API 的参考手册,包含了使用 API 所需的所有信息,详细介绍了函数、类、返回类型、参数等。我们可以去 Oracle 官方网站下载 API 文档,以便查阅使用。

知识点2　集合框架

ArrayList 是 Java 集合框架中的一个类。那什么是 Java 的集合框架呢? Java 集合框架(Java Collections Framework,JCF)是为表示和操作集合而规定的一种统一的标准的体系结构。

Java 集合框架全部位于 java. util 包中,由一些类和接口组成,如图 71 所示。

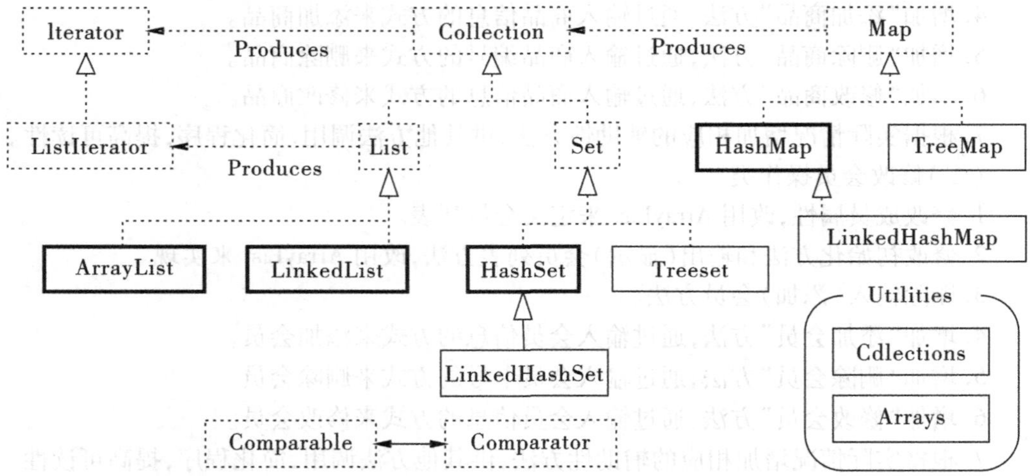

图 71　集合框架

其中 Collection 接口包含了各种集合,比如:List(有序队列),包括 LinkedList、ArrayList、Vector、Stack 等;Set(不重复元素的集合),包括 TreeSet、HastSet、LinkHastSet 等。

而 Map 接口包含了各种映射关系集合,比如 TreeMap、HashMap 等。

Java 集合框架中的所有类和接口,都是泛型类和泛型接口(关于泛型,见知识点 5.3)。

本阶段涉及的 ArrayList 类,是 List 的一个实现类,用以实现动态数组功能。

知识点3 泛型

对于集合来说,它可以接受任何对象,既可以存入 Person 对象,也可以存入 Car 类型,但编译器无法即时检测到语法错误,等到运行时才出现问题。这时就需要使用泛型来解决这个问题。

泛型,又叫参数化类型,即将类型当成参数进行传递。以 ArrayList 为例,其定义为:

```
public class ArrayList<E> extends AbstractList<E> implements List<E>,RandomAccess,
Cloneable, Serializable {
    ……
}
```

其中的<E>表示泛型参数,即用一个通用的数据类型 E 来指代任何类型,表示 ArrayList 集合可以接受任何类型的对象。相应地,在使用 ArrayList 集合时,必须要指定这个 E 为某个具体的数据类型,否则 ArrayList 无法进行相应的操作,比如不知道集合中的对象是 Person 还是 Car 类型,因此也不知道要开辟多少内存空间,更无法访问每个对象的成员属性和方法。以 ArrayList 的定义和初始化为例:

```
ArrayList<HuiYuan> huiYuanLieBiao = new ArrayList<HuiYuan>();
```

这里的<HuiYuan>,即指定了具体的泛型参数为 HuiYuan 类,也就是说明 ArrayList 集合中保存的都是 HuiYuan 类的对象,这样 ArrayList 集合就能基于 HuiYuan 类进行相应的操作了,如开辟内存空间等。

泛型有三种应用方式:泛型类、泛型接口、泛型方法。

泛型类,就是带有类型参数的类。在引用泛型类时,将某个类作为参数,从而可以在类体中按需使用该类型参数。

使用泛型有很多好处,可以实现代码复用,消除强制类型转换,保证数据类型安全等。

知识点4 ArrayList 概述

ArrayList 是 Java 中的一种集合类,是一种有序的、可调整大小的动态数组。ArrayList 是在包 java. util 中定义的一个泛型类:java. util. ArrayList<E>,通过类型参数<E>可以指定集合元素的类型。

ArrayList 具有如下特点。

(1)内存按需分配:按照当前实际的元素个数来分配内存空间。

(2)提供了动态的增加、删除元素等方法,添加和删除元素很方便。

(3)相对于其他集合类而言,查询、索引的操作速度快,但添加、删除的操作速度慢。

ArrayList 的常用方法如表 7 所示。

表 7 ArrayList 的常用方法

返回值	方法功能
boolean	add(E e) 将指定的元素追加到此列表的末尾
void	add(int index, E element) 在此列表中的指定位置插入指定的元素
void	clear() 从列表中删除所有元素
boolean	contains(Object o) 如果此列表包含指定的元素,则返回 true
E	get(int index) 返回此列表中指定位置的元素
int	indexOf(Object o) 返回此列表中指定元素的第一次出现的索引,如果此列表不包含元素,则返回-1
boolean	isEmpty() 如果此列表不包含元素,则返回 true
Iterator<E>	iterator() 以正确的顺序返回该列表中的元素的迭代器
E	remove(int index) 删除该列表中指定位置的元素
boolean	remove(Object o) 从列表中删除指定元素的第一个出现(如果存在)
E	set(int index, E element) 用指定的元素替换此列表中指定位置的元素
int	size() 返回此列表中的元素数

ArrayList 虽然也称为“动态数组”,但它本质上是集合类,只不过在某些方面与数组相似而已。相对于数组,ArrayList 具有动态调大小、操作灵活方便、效率高等特点。因此,当我们需要表示数量不确定或频繁进行添加/删除操作的一组对象时,应用使用 ArrayList 而不是对象数组。

知识点 5 ArrayList 的基本用法

ArrayList 主要通过方法来实现各种操作功能。

1. 导入 ArrayList。

要使用 ArrayList,首先要用以下方法将其导入:

import java. util. ArrayList 或者 import java. util. *

2. 定义和初始化。

语法:ArrayList<E> 集合名称 = new ArrayList<E>();

作用:创建一个 ArrayList 集合,其元素的类型由 E 指定,一般是自定义类型。

3. 获取元素个数。

语法:集合名称. size()

作用:返回集合中的元素个数,即动态数组的长度。其下标从 0 到 size()-1。

4. 添加元素。

语法:集合名称. add(对象)

作用:将指定的对象追加到此集合的末尾(成为其元素),如果使用 add(下标,对象)可以替换指定位置的元素。

5. 删除元素。

语法:集合名称. remove(下标)　或　集合名称. remove(对象)

作用:删除指定的元素,如果用 clear()方法可以删除所有元素。

6. 获取动态数组中的元素。

语法:集合名称. get(下标);

作用:返回集合中指定位置的元素对象。

例 41　用 ArrayList 来表示商品列表并进行相关的操作。

```
ArrayList<ShangPin> shangPinLieBiao = new ArrayList<ShangPin>();
shangPinLieBiao.add(new ShangPin(1, "原味螺蛳粉", "特色小吃", 7.5f, 1000, "2020-04-02"));
shangPinLieBiao.add(new ShangPin(3, "卤鸡蛋", "营养可口", 2.0f, 300, "2020-04-05"));
shangPinLieBiao.add(new ShangPin(3, "干捞螺蛳粉", "别样风味", 8f, 800, "2020-04-06"));
shangPinLieBiao.add(2, new ShangPin(2, "鸭脚", "下酒好货", 3.0f, 500, "2020-04-05"));
shangPinLieBiao.add(new ShangPin(4, "正宗螺蛳粉", "正宗味道", 7.5f, 1000, "2020-04-02"));
shangPinLieBiao.remove(3);
System.out.println("列表中有" + shangPinLieBiao.size() + "个商品,其中第2个商品为:" + shangPinLieBiao.get(1).getMingCheng());
```

知识点 6　ArrayList 的遍历

ArrayList 的遍历与对象数组的遍历类似,但也略有不同。不同之处主要有两个:

(1)获取数组长度的方法不一样:对象数组用 length 属性,而 ArrayList 用 size()方法。

(2)获取指定元素的方法不一样:对象数组用“数组名[下标]”,而 ArrayList 用“集合名. get(下标)”。

例 42　使用 ArrayList 遍历输出商品列表。

```
for (i = 0; i <= shangPinLieBiao.size() - 1; i++) {
    ShangPin p = shangPinLieBiao.get(i);
    if (p != null) {
        System.out.println("" + p.getBianHao() + "\t" + p.getMingCheng() + "\t\t" + p.getJiaGe() + "\t" + p.getKuCun() + "\t" + p.getMiaoShu() + "\t\t" + p.getShiJian());
    }
}
```

五、实现任务

按照第三大点中所确定的开发任务，以商品操作类 ShangPinDao 为例（会员操作类同此），针对其中的重点和关键点，我们可以以下要点来实现。

1. 修改成员属性，改用 ArrayList 来定义商品列表。

按惯例，要将成员属性定义为 private 属性。另外，应通过初始化方法来创建集合，因此在此只定义而不用创建。参见“例 41”。

2. 修改初始化方法和输出（显示）商品列表方法，改用 ArrayList 来实现。参见“例 41”和“例 42”。

3. 删除输入（添加）商品方法。此方法与后面的“添加商品”方法重复，可删除或改名。

4. 增加添加商品方法，通过输入商品信息的方式来添加商品。

此方法可从原来的输入（添加）商品方法修改而来，也可以新增。具体的实现方式可根据个人喜好而有所不同，但需请考虑或注意以下情况。

（1）本方法只添加一个商品还是多个商品？

（2）如何避免商品重复？如何判定商品是否重复？

（3）容错性问题：比如如果商品重复了怎么办？

针对以上情况，可参考以下代码。

阶段代码 12　用 ArrayList 实现添加商品方法。

```
public void tianJiaShangPin() {
……
  do {
    System.out.println("请输入 商品编号:");
    bh = input.nextInt();
    if (this.chaXunShangPin(bh) != null) {
                                          // 如果编号已存在(即商品已存在)
      System.out.println("该编号已存在,请重新输入......");
    } else {
      break;                                          // 跳出循环(结束输入)
    }
  } while (true);
  do {
    System.out.println("请输入 商品名称:");
    mc = input.next().trim();
    if (this.chaXunShangPin3(mc) != null) {
                                          // 如果名称已存在(商品已存在)
      System.out.println("该名称已存在,请重新输入......");
```

```
        } else {
            break;                                          // 跳出循环(即结束输入)
        }
    } while (true);
    System.out.println("请输入 商品价格:");
    jg = input.nextFloat();
......
    ShangPin sp = new ShangPin(bh, mc, ms, jg, kc, sj);   //封装为新对象
    ShangPinDao.shangPinLieBiao.add(sp);                  //添加到集合中
    System.out.println("已添加商品:");
    this.shuChuShangPin(sp);                  //调用方法,显示新增的商品信息
}
```

5. 增加删除商品方法,通过输入商品编号的方式来删除商品。

具体的实现方式可根据个人喜好而有所不同,但需考虑或注意以下情况。

(1)本方法只删除一个商品还是多个商品?

(2)如何指定删除哪个商品?根据什么来指定?

(3)是否要有一个确认删除的过程?

(4)是否考虑到容错性?如果商品不存在怎么办?

针对以上情况,可参考以下代码。

阶段代码 13　用 ArrayList 实现删除商品方法。

```
public void shanChuShangPin() {
......
  do {
      System.out.println("请输入欲删除的 商品编号:");
      bh = input.nextInt();
      sp = this.chaXunShangPin(bh);      //调用方法,根据编号查询指定的商品
      if (sp == null) {                             // 如果编号不存在(商品不存在)
          System.out.println("该编号不存在,请重新输入......");
          } else {
          break;                                  // 跳出循环(即结束输入)
      }
  } while (true);
  System.out.println("你要删除的商品是:");
  this.shuChuShangPin(sp);                //调用方法,显示要删除的商品信息
  System.out.println("确定要删除吗?[ y-是,其他-否 ]");
  yn = input.next().trim().toUpperCase();
  if (yn.equals("Y")) {
    ShangPinDao.shangPinLieBiao.remove(sp);      //从集合中删除指定的商品
```

```
        System.out.println("已删除该商品");
    } else {
        System.out.println("取消删除");
    }
}
```

6. 增加修改商品方法,通过输入商品信息的方式来修改商品。

具体的实现方式可根据个人喜好而有所不同但需考虑或注意以下情况。

(1)如何指定修改哪个商品?根据什么来指定?

(2)是否要显示商品修改前的信息?

(3)是否要有一个确认修改的过程?

(4)容错性是否考虑到?如果商品不存在怎么办?修改后重复了怎么办?

针对上述情况,可参考以下代码。

阶段代码 14　用 ArrayList 实现修改商品方法。

```
public void xiuGaiShangPin() {
    ……
    System.out.println("--可修改的商品列表--");
    this.shuChuShangPinLieBiao();                    // 显示商品列表
    ……
    do {
        System.out.println("请输入欲修改的 商品编号:");
        bh = input.nextInt();
        sp1 = this.chaXunShangPin(bh);    //调用方法,根据编号查询指定的商品
        if (sp1 == null) {                 // 如果编号不存在(商品不存在)
            System.out.println("该编号不存在,请重新输入......");
        } else {
            break;                          // 跳出循环(结束输入)
        }
    } while (true);
    System.out.println("你要修改的商品是:");
    this.shuChuShangPin(sp1);              //调用方法,显示要修改的商品信息
    do {
        System.out.println("请输入修改后的 商品名称:");
        mc = input.next().trim();
        if (this.chaXunShangPin3(mc) != null) {
                                            // 如果名称已存在(即商品已存在)
            System.out.println("该名称已存在,请重新输入......");
        } else {
            break;                          // 跳出循环(即结束输入)
```

```
        }
    } while (true);
    System.out.println("请输入修改后的 商品价格:");
    jg = input.nextFloat();
    ……
    sp2 = new ShangPin(bh, mc, ms, jg, kc, sj);           //封装为新对象
    System.out.println("修改后的商品是:");
    this.shuChuShangPin(sp2);                //调用方法,显示修改后的商品信息
    System.out.println("确定要修改吗?[ y-是,其他-否 ]");
    yn = input.next().trim().toUpperCase();
    if (yn.equals("Y")) {
        ShangPinDao.shangPinLieBiao.remove(sp1);              //删除旧商品
        ShangPinDao.shangPinLieBiao.add(sp2);                 //添加新商品
    System.out.println("已修改该商品");
    } else {
        System.out.println("取消修改");
    }
}
```

7. 根据实际需要增加相应的辅助性方法,供其他方法调用,简化程序,提高可读性。可参考以下增加辅助性方法的部分代码。

阶段代码 15 增加相应的辅助性方法,包括“通过编号查询商品”“通过名称查询商品”“输出一个指定的商品”等方法。

```
// 方法:通过编号查询商品
public ShangPin chaXunShangPin(int bh) {
    ……
    for (i = 0; i <= shangPinLieBiao.size() - 1; i++) {
        ShangPin s = shangPinLieBiao.get(i);
        if (s != null && s.getBianHao() == bh) {
            sp = s;
            break;
        }
    }
    ……
    return sp;
}
// 方法:通过名称查询商品
public ShangPin chaXunShangPin3(String mc) {
    ……
```

```
    for (i = 0; i <= shangPinLieBiao. size( ) - 1; i++) {
      ShangPin s = shangPinLieBiao. get(i);
      if (s ! = null && s. getMingCheng( ). equals( mc) ) {
        sp = s;
        break;
      }
    }
    ……
    return sp;
  }
  // 方法:输出一个商品
  public void shuChuShangPin( ShangPin sp) {
    ……
    System. out. println( "商品编号\t 商品名称\t\t 商品价格\t 库存数量\t 商品描述\t\t 上架时间");
    System. out. println( "" + sp. getBianHao( ) + "\t" + sp. getMingCheng( ) + "\t\t" + sp. getJiaGe( ) + "\t" + sp. getKuCun( ) + "\t" + sp. getMiaoShu( ) + "\t\t" + sp. getShiJian( ) );
  }
```

8. 修改 Menu 类。

修改 menu4( )方法,在各个菜单项之下,调用商品/会员操作类中的相应的方法,以实现菜单项对应的功能。以添加商品为例:

```
System. out. println( "\n--------------------4. 2. 添加商品------------------\n");
spDao. tianJiaShangPin( );
System. out. println( "\n 请按 任意键+回车 返回菜单... ");
input. next( );
```

另外,修改 main( )方法,将调用输入(添加)商品/会员方法的语句删除。

六、验证成果

本阶段的任务,通过程序设计、编码和调试,应达到以下目标。

1. 能用 ArrayList 正确地表示商品/会员列表。
2. 能正确地保存多条商品/会员信息。
3. 能正确地实现商品/会员的添加、删除、修改、查询等操作。
4. 程序结构清晰、代码规范、关键代码和重要代码有备注。

七、项目阶段小结

1. 本项目阶段的任务主要是以一种更科学的数据结构来表示商品/会员列表,并能动态、灵活、高效地进行添加、删除、修改、查询等操作。

2. API是一些预先定义的函数,通过查阅API文档可以了解每个类或接口的用法。

3. 集合框架是为表示和操作集合而规定的一种统一的标准的体系结构,位于java.util包中,由一些类和接口组成,它们都是泛型类和泛型接口。

4. ArrayList是集合框架中的一种有序的、可调整大小的动态数组,它具有以下特点。

(1)内存按需分配:按照当前实际的元素个数来分配内存空间。

(2)提供了动态的增加、删除元素等方法,添加和删除元素很方便。

(3)相对于其他集合类而言,查询、索引的操作速度快,但添加、删除的操作速度慢。

5. ArrayList提供了很多方法,通过引用其方法,可以实现各种功能。相对于数组,ArrayList具有动态调整大小、操作灵活方便、效率高等特点。

6. 泛型,又叫参数化类型,即将类型当成参数进行传递。泛型有三种应用方式:泛型类、泛型接口、泛型方法。其中,泛型类是指带有类型参数的类。使用泛型有很多好处,比如可以实现代码复用,消除强制类型转换,保证数据类型安全等。

项目阶段六

实现购物下单(HashMap)

一、问题描述

《柳橙汁美食家管理系统》最主要的功能就是能够实现在线点餐,即客户可以通过该系统进行在线点餐、下单、打单结账等功能。截至上一项目阶段(项目阶段五),我们已能实现商品和会员的管理和显示;在此基础上,本阶段,我们将实现在线点餐功能,即实现系统主菜单中的我要点餐菜单项。

二、问题分析

要实现在线点餐功能,我们可以从几个方面进行分析。

1. 关于订单。

在线点餐的最终结果就是订单,也称为购物小票。在线点餐所要生成的数据,全部集中在订单上;在线点餐的过程,也就是生成订单及其数据的过程;在线点餐所要进行的操作,都是为准确生成订单上的数据而服务。因此订单上包括哪些数据,这些数据如何呈现,这些数据来自哪里或者怎么生成等,是我们在设计类时首先要考虑的问题。我们可以参考日常生活中的购物小票来设计本系统中所说的订单。如图 72 所示,订单类(实体类)包括购物车、合计数据和会员信息这几方面的数据。

```
*********************购物小票*******************************

--------------------购买商品--------------------------------
序号    商品编号   商品名称        单价      购买数量    金额小计      购物车
1       4          干捞螺蛳粉      8.0       2           16.0
2       2          鸭脚            3.0       8           24.0
3       7          王老吉          3.0       1           3.0
--------------------合计------------------------------------      合计数据
笔数：3    总数量：11 总金额：43.0
--------------------会员------------------------------------      会员信息
会员姓名：王重阳 卡号：555   积分：10000   黄金会员
折后总金额：38.70    本次积分：387        剩余总积分：10387
******************************************************
请按 任意键+回车 返回主菜单...
```

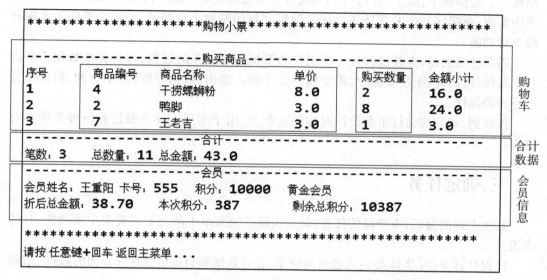

图 72　显示"购物小票"界面

2. 关于购物车。

购物车是所购买的商品及其数量的列表，是整个订单的核心和基础。购物车呈现出来的数据虽然很多，但这些数据的来源其实只有两个(商品对象、购买数量)。商品对象与购买数量这两个数据应该具有一一对应关系，其中商品对象是唯一的，即同一商品，可以多次选购，但在订单上要汇总成一行；而购买数量是依附于该商品而存在的。即购物车，可以使用具有"键-值"对应关系的 HashMap 来表示，以商品对象为"键"，以购买数量为"值"，两者之间具有对应关系。

商品的编号、名称、单价等具体信息，由商品对象中的成员属性提供；金额小计是计算出来的，由商品对象提供单价数据，然后乘以购买数量算得；序号是在输出时自动生成，无需提供数据来源。

3. 关于合计数据。

对购物车中的商品进行汇总统计，产生合计数据。可以根据餐馆(商场)的实际需要来确定包含哪些统计数据。本系统的合计数据包括：笔数、总数量、总金额。

4. 关于会员信息。

本系统约定，所有会员包括临时客户，都享受积分累加的待遇。如果是 VIP 会员(黄金会员和白银会员)，还分别享受 9 折和 9.5 折的优惠价。积分算法为：积分=购物总金额×10。

对于每一笔订单，应绑定客户(会员)，并根据客户级别(会员级别)计算实际应支付的总金额，同时计算积分。

5. 关于点餐过程。

我们可以想像一下日常生活中在饭店点餐的情形，这个过程一般是：(1)客户浏览菜谱；(2)勾选菜品(或者写下菜品)；(3)下单；(4)厨师照单做菜；(5)客户就餐；(6)打单结账。上述步骤中,除了第(4)、(5)步是计算机无法完成的以外,其余步骤都可以在本系统中实现;而第(6)步,只需能正确统计数据并打印购物小票即可,无需在系统中实现在线支付功能。

需要注意的是,点餐过程是一个用户与系统进行交互的过程,并且有些数据需要进行汇总统计,因此,上述步骤中,还应包括关于输入输出、数据存取、数据查询、数据统计等方面的操作。

按惯例,我们应为订单类设计对应的业务类,用于实现上述点餐过程所涉及的所有操作。

三、确定任务

基于上面的分析,本阶段的任务,就是实现系统菜单中的我要点餐菜单项功能,具体来说:

1. 设计订单类(实体类):应包含购物车、合计数据和会员信息这几方面的数据(成员属性)。

2. 用 HashMap 来表示购物车(“商品对象-购买数量”的键值对)。

3. 设计订单业务类,应实现点餐过程(购物过程)和相关的操作。

4. 按指定的格式显示订单(购物小票)。

四、学习探究

本阶段新增的技术难点,主要在于 HashMap 及其应用。

知识点 1　HashMap 概述

1. HashMap(哈希表)是 Java 集合框架中的 Map 的子类,它是按键值对(映射关系)来存放的动态集合,每个元素是一个键值对。

2. HashMap 是一个泛型类,在 java. util 包中定义为:HashMap<K,V>,其中的 K 即为键的类型,V 即为值的类型。

3. HashMap 的特点。

(1)集合中的元素是无序的。

(2)键和值都必须是对象,不能是基本数据类型。

(3)键必须唯一,值可以重复。

(4)查询慢,增删快。

4. 当我们要表示一些映射关系(对应关系)时,应当考虑使用 HashMap。

例 43　用 HashMap 表示购物车。

在《柳橙汁美食家管理系统》中,用 HashMap 表示购物车,体现商品及其购买数量之间的映射关系,如图 73 所示。

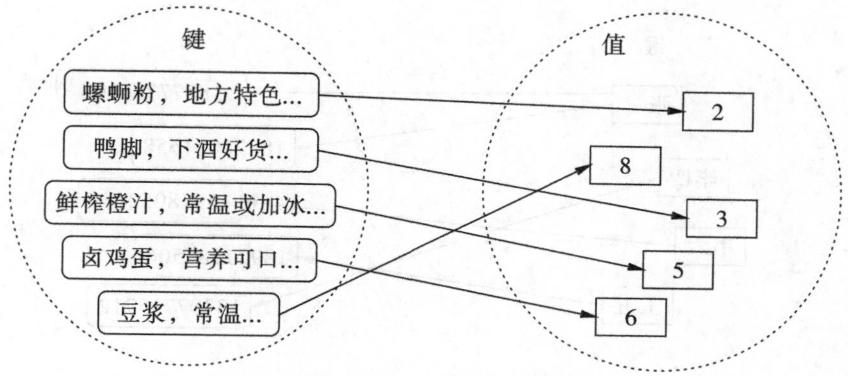

图 73　用 HashMap 表示购物车

例 44　正确的和错误的 HashMap 映射关系示例。

如图 74 到图 77 所示：

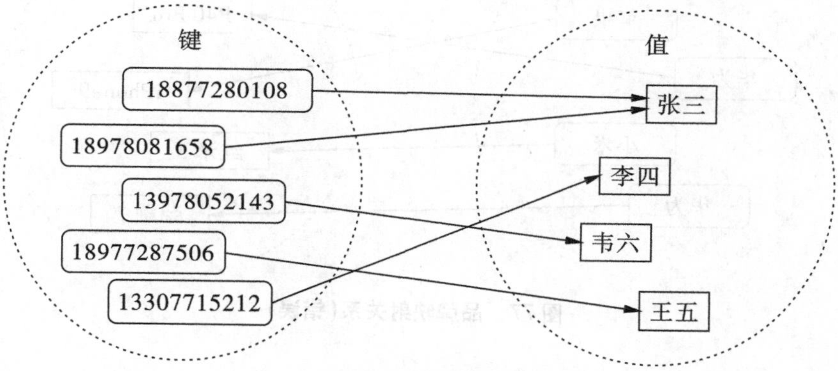

图 74　通讯录映射关系(正确)

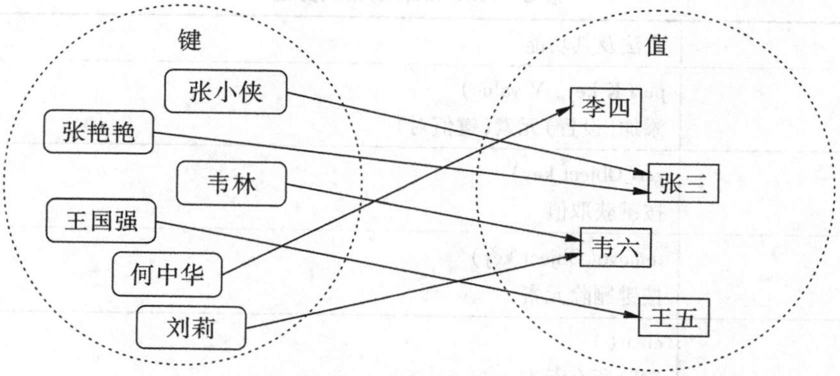

图 75　父子映射关系(正确)

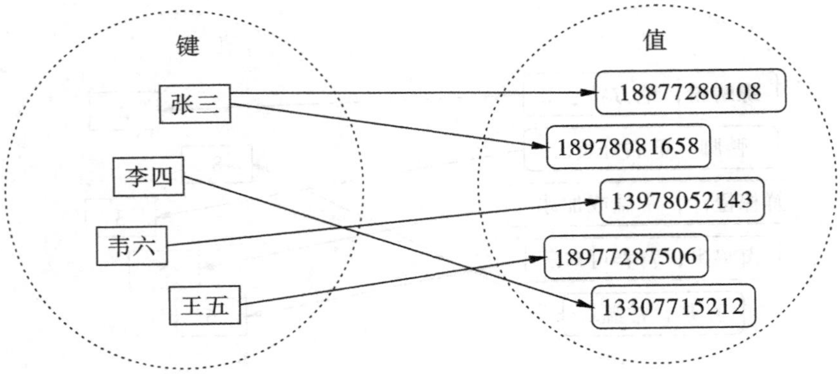

图 76 通讯录映射关系(错误)

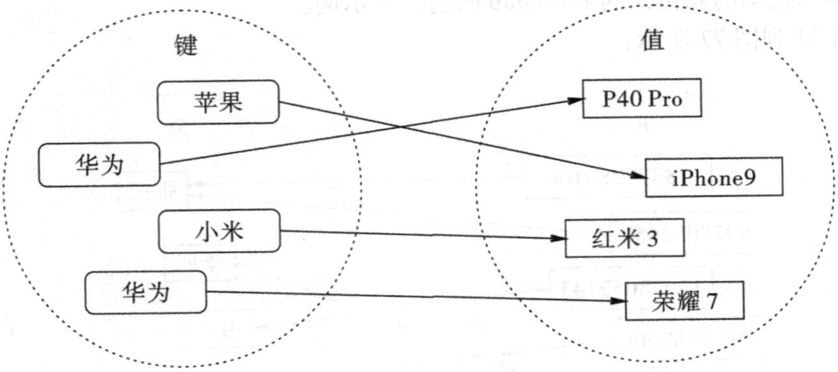

图 77 品牌映射关系(错误)

5. HashMap 的常用方法,如表 8 所示。

表 8 HashMap 的常用方法

返回值	方法及其功能
V	put(K key, V value) 添加(设置)元素(键值对)
V	get(Object key) 按键获取值
V	remove(Object key) 按键删除元素
void	clear() 删除所有元素

续表 8

返回值	方法及其功能
boolean	containsKey(Object key) 按键查找元素
boolean	containsValue(Object value) 按值查找元素
Set<K>	keySet( ) 获取所有键的 Set 视图(新集合)
Collection<V>	values( ) 获取所有值的 Collection 视图(新集合)
Set<Map. Entry<K,V>>	entrySet( ) 获取所有元素的 Set 视图(新集合)
boolean	isEmpty( ) 判断集合是否为空
int	size( ) 集合包含的元素个数

知识点 2　HashMap 的基本用法

1. 导入 HashMap。

要使用 HashMap,首先要使用以下方式将其导入:

import java. util. HashMap　或者　import java. util. *

2. HashMap 的定义和初始化。

语法:HashMap<K, V>　标识符 = new　HashMap<K, V>( );

作用:创建一个 HashMap 集合,其名称由标识符定义,其键的类型由 K 指定,其值的类型由 V 指定。

例 45　用 HashMap 表示购物车的代码实现。

要创建"例 43"中的购物车(HashMap 类型),可以用如下代码:

HashMap<ShangPin, Integer>　gouWuChe = new HashMap<ShangPin, Integer>( );

这里,键的类型为 ShangPin,这是用户自定义的一个类;值的类型为 Integer,这是一个系统提供的包装类(关于包装类详见后文);标识符 gouWuChe 即为该集合的名称,是用户自定义的。如图 78 所示。

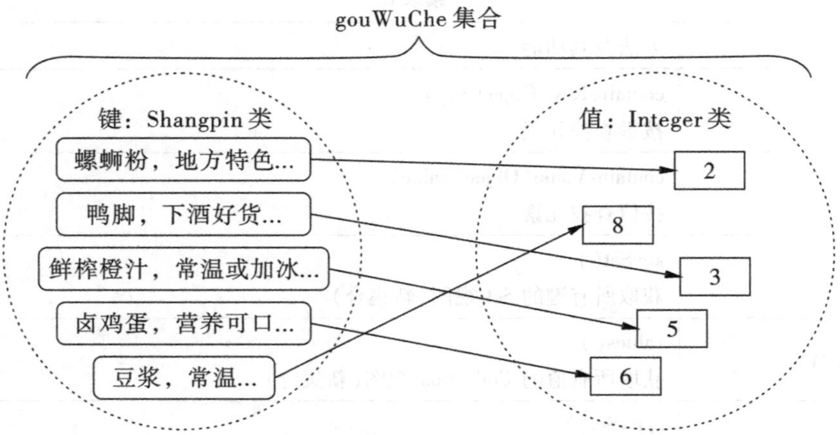

图 78　用 HashMap 表示购物车

例 46　用 HashMap 表示通讯录的代码实现。

要创建"例 44"中的通讯录("联系电话-姓名"集合),可以用如下代码:

```
HashMap<String, String>  hm = new HashMap<String, String>( );
```

这里,键和值的类型都为 String(字符串);标识符 hm 即为该集合的名称,是用户自定义的。

3. 添加/替换元素:put 方法

语法:标识符. put(k,v)

作用:将由 k 和 v 组成的键值对(即元素)添加进集合中。如果集中已有 k 这个键,则原来的元素将被新元素所替换。

例 47　HashMap 的添加方法。

```
ShangPin sp = new ShangPin(101,"炒螺","香辣美味", 8f, 100,"2020-08-18");
gouWuChe. put(sp, Integer. valueOf(2));
```

这里,sp 是一个 ShangPin 对象,Integer. valueOf(2)表示这是一个数值为 2 的整型包装类对象。代码表示的含义是将炒螺这个商品添加进 gouWuChe 集合中,购买数量为 2,即将 2 份炒螺放进了购物车。

例 48　HashMap 的替换方法。

以下代码:

```
hm. put("18877280108","张三");
hm. put("18877280108","李四");
```

第一行将"18877280108"和"张三"这个键值对添加进 hm 集合中,第二行又将"18877280108"和"李四"这个键值对添加进了 hm 集合中,由于键相同,所以"18877280108"和"张三"这个键值对将被"18877280108"和"李四"这个键值对所替换,通讯录中再无"张三"这个人。

4. 获取元素的值:get 方法。

语法:标识符. get(k)

作用:获取集合中键为 k 的元素的值。

例 49　HashMap 获取元素的方法。

```
Integer gmsl=gouWuChe.get(sp);
System.out.println(gmsl.intValue());
```

第一行获取商品 sp 所对应的购买数量(Integer 类对象),第二行则输出这个购买数量。gmsl.intValue()是获取包装类对象 gmsl 所对应的基本数据类型的值,结果为 int 型。

5.查找键或值:containsKey 方法和 containsValue 方法。

语法:

标识符.containsKey(k)

标识符.containsValue(v)

作用:查询指定的键(或值)是否存在,返回 true 或 false。

例 50　HashMap 的查找方法。

```
if( gouWuChe.containsKey(sp) ){
    System.out.println("已有这个商品");
}
if( hm.containsValue("张三") ){
    System.out.println("有这个人");
}else{
    System.out.println("查无此人");
}
```

6.删除元素:remove 方法。

语法:

标识符.remove(k)

标识符.remove(k,v)

作用:按指定的键(或键值对)删除该元素。

例 51　HashMap 的删除元素方法。

gouWuChe.remove(sp);//在集合 gouWuChe 中删除键为 sp 的元素。

hm.remove("18877280108","张三") //在集合 hm 中删除键为"18877280108"且值为"张三"的元素。

7.获取集合视图:keySet 方法、values 方法、entrySet 方法。

语法:

标识符.keySet( )作用:获取所有的键组成新的集合,其类型为原来键的类型

标识符.values( )　作用:获取所有的值组成新的集合,其类型为原来值的类型

标识符.entrySet( )作用:获取所有的键值对组成新的集合,其类型为 Map.Entry<K,V>,需要指定 K、V 为匹配的类型。这时可以进一步获取 Entry 对象的键和值:getKey()和 getValue()。

在"例 43"中,这三种集合视图与原集合的关系,如图 79 所示。

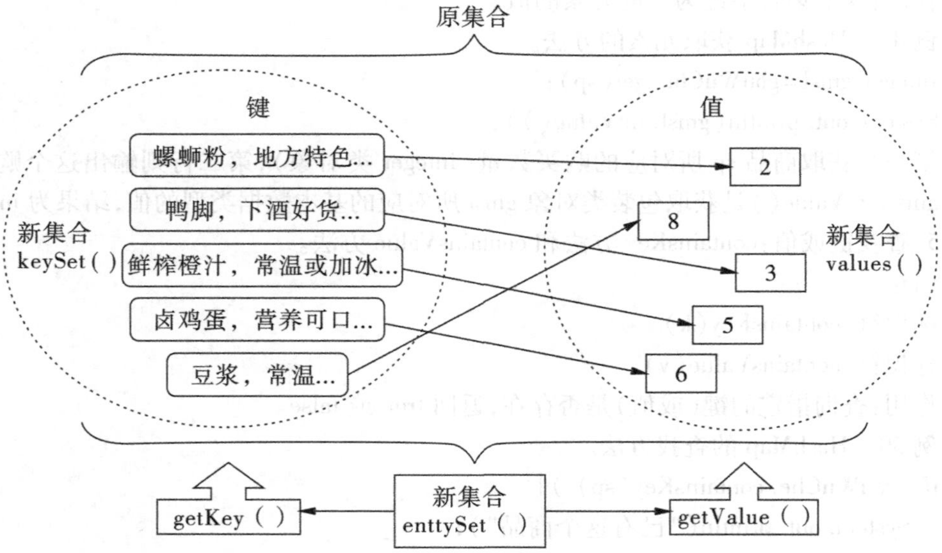

图 79　与 HashMap 有关的三种集合视图

这三种集合视图,一般用在集合的遍历中,详见后文。

知识点 3　HashMap 的遍历

HashMap 是一种无序的集合,它的遍历,不能象数组和 ArrayList 那样可以借助下标、序号等来进行,而是一般借助上述三种集合视图来进行操作,具体方法如下。

1. 遍历方法一:通过 keySet 视图进行遍历。

例 52　通过 keySet 视图对 HashMap 进行遍历。

```
for (ShangPin sp : gouWuChe.keySet()) {
  System.out.println(sp.getMingCheng() + "\t" + gouWuChe.get(sp).intValue());
}
```

这是一个增强型的 for 语句(详见后文),gouWuChe.keySet()的结果是一个 ShangPin 类型的集合,循环变量 sp 代表了新集合中的每一个元素,因此要把 sp 也定义为 ShangPin 类型。这段代码把集合 gouWuChe 中的每个商品的名称及其对应的购买数量输出来。gouWuChe.get(sp).intValue()的作用是由键获取对应的值(Integer 类型的对象),然后再取得基本数据类型的 int 型值。

2. 遍历方法二:通过 values 视图进行遍历。

例 53　通过 values 视图对 HashMap 进行遍历。

```
int sum=0;
for (Integer g : gouWuChe.values()) {
  sum = sum + g.intValue();
}
System.out.println("购买商品总数量为:" + sum);
```

gouWuChe. values()的结果是一个 Integer 类型的集合,g 代表了新集合中的每一个元素,因此要把 g 也定义为 Integer 类型。这段代码把集合 gouWuChe 中的每个商品的购买数量进行汇总,最后输出总数量。注意,通过 values 视图,无法获取值所对应的键,因此本例中无法对商品进行操作,而只能对购买数量进行操作。

3. 遍历方法三:通过 entrySet 视图进行遍历。

例 54 通过 entrySet 视图对 HashMap 进行遍历。

```
for (Map.Entry<ShangPin, Integer> e : gouWuChe.entrySet()) {
  System.out.println(e.getKey().getMingCheng() + "\t" + e.getValue().intValue
());
}
```

gouWuChe. entrySet()的结果是一个 Entry 类型(泛型类)的集合,循环变量 e 代表了新集合中的每一个元素,因此要把 e 定义为 Entry 类,并且指定泛型参数,即为原集合的键和值的类型。这段代码把集合 gouWuChe 中的每个商品的名称及其对应的购买数量输出来。e. getKey(). getMingCheng()的作用是取得元素 e 的键(ShangPin 类对象),然后进一步取得其成员属性“商品名称”的值。e. getValue(). intValue()的作用是取得元素 e 的值(Integer 类型对象),然后进一步取得其对应的 int 型值。

知识点 4 包装类

1. Java 中的基本数据类型(共 8 个)不具有面向对象特性,为了弥补这一点,Java 为每一个基本数据类型设计了对应的类,统称为包装类。

2. 通过包装类,我们可以将基本数据包装成对象来使用,同时可以利用包装类中的方法实现一些常用的功能,如表 9 所示。

表 9 包装类及其常用方法

基本数据类型	包装类	包装类的常用方法
byte	Byte	byteValue():获取对应的 byte 型值 Byte. valueOf(byte b):生成一个值为 b 的包装类对象 Byte. parseByte(String s):将字符串转换为 byte 型
short	Short	shortValue():获取对应的 short 型值 Short. valueOf(short s):生成一个值为 s 的包装类对象 Short. parseShort(String s):将字符串转换为 short 型
int	Integer	intValue():获取对应的 int 型值 Integer. valueOf(int i):生成一个值为 i 的包装类对象 Integer. parseInt(String s):将字符串转换为 int 型
long	Long	longValue():获取对应的 long 型值 Long. valueOf(long l):生成一个值为 l 的包装类对象 Long. parseLong(String s):将字符串转换为 long 型

续表 9

基本数据类型	包装类	包装类的常用方法
float	Float	floatValue( ):获取对应的 float 型值 Float. valueOf(float f):生成一个值为 f 的包装类对象 Float. parseFloat(String s):将字符串转换为 float 型
double	Double	doubleValue( ):获取对应的 double 型值 Double. valueOf(double d):生成一个值为 d 的包装类对象 Double. parseDouble(String s):将字符串转换为 double 型
char	Character	charValue( ):获取对应的 int 型值 Character. valueOf(char c):生成一个值为 c 的包装类对象
boolean	Boolean	booleanValue( ):获取对应的 boolean 型值 Boolean. valueOf(boolean b):生成一个值为 b 的包装类对象 Boolean. parseBoolean(String s):将字符串转换为 boolean 型

3. 在需要用到基本数据所对应的类或对象时,或者在需要用到一些特定的功能(如字符串转换为数值)时,就必须要使用其对应的包装类。

例 55 将 int 型数据包装成 Integer 类。

在上面关于购物车的课例中,商品的购买数量是一个 int 型的基本数据,但是在 HashMap 中,其泛型参数只能是类,所以要将 int 型数据包装成 Integer 类的对象,即:

HashMap<ShangPin, Integer> gouWuChe = new HashMap<ShangPin, Integer>( );//使用包装类

gouWuChe. put(sp, Integer. valueOf(2));//使用 valueOf 方法生成包装类的对象

System. out. println(gmsl. intValue( ));//使用 intValue 方法取得包装类对象对应的 int 型值

这里,键的类型为 ShangPin,这是自定义的一个类;值的类型为 Integer(整型类),这是一个系统提供的包装类;标识符 gouWuChe 即为 HashMap 集合的名称,是自定义的。

4. 在基本数据类型和包装类之间进行数据转换时,可自动转换(称之为自动装箱和自动拆箱)。

例 56 自动装箱和拆箱。

代码如下:

```
Integer i = 10;
int t = i;
System. out. println( i * 2 );
System. out. println( Integer. parseInt( "123" ) * 2 );
```

第一行,10 是基本数据类型,i 是包装类对象,在赋值之前,先自动进行装箱然后再赋值,相当于 Integer i = Integer. valueOf(10);

第二行,i 和 t 不是同一类型,在赋值之前,先自动进行拆箱然后再赋值,相当于 int t = i. intValue( );

第三行,也是自动将 i 拆箱得到 int 型的数值 10,再乘以 2 得到 20,最后输出 20。

第四行,将字符串“123”转换为整数 123,然后乘以 2,输出 246,这是不能自动转换的。

知识点 5　增强型 for 语句

1. 除了基本的 for 语句,Java 还提供了增强型 for 语句,使得我们可以用更简单地方式来遍历数组或集合类。

2. 增强型 for 语句的语法格式如图 80 所示。

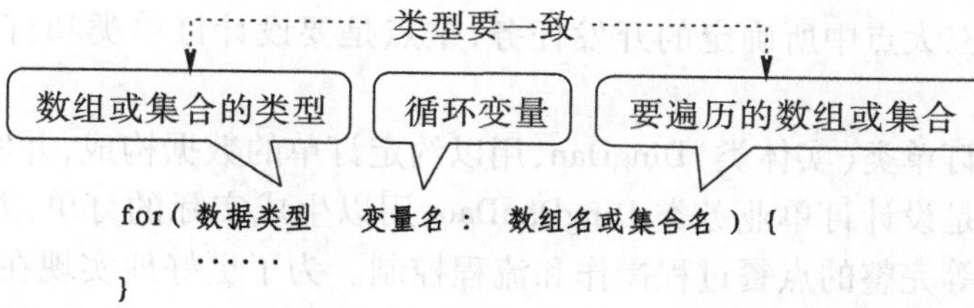

图 80　增强型 for 语句的语法格式

说明:

(1)增强型 for 语句的含义是对数组或集合中的每个元素执行一次操作。

(2)变量名左边的数据类型,必须要与数组或集合的类型相一致。

(3)括号中的变量名即为循环变量,它依次代表数组或集合中的每一个元素。

3. 对于无序的集合类,只能使用增强型 for 语句来遍历。对于有序的数组或集合类,则既可以使用基本的 for 语句也可以使用增强型 for 语句来遍历。

例 57　用两种 for 语句遍历集合。

在《柳橙汁美食家管理系统》阶段五中,使用 ArrayList 保存商品,并使用基本的 for 语句来输出商品列表,代码如下:

```
ArrayList<ShangPin> shangPinLieBiao;
......
System.out.println("商品编号\t 商品名称\t\t 商品价格\t 库存数量\t 商品描述\t\t
上架时间");
for (i = 0; i <= shangPinLieBiao.size() - 1; i++) {
    ShangPin p =shangPinLieBiao.get(i);
    System.out.println("" + p.getBianHao() + "\t" + p.getMingCheng() + "\t\t" +
p.getJiaGe() + "\t" + p.getKuCun() + "\t" + p.getMiaoShu() + "\t\t" + p.getShiJian
());
}
```

我们也可以使用增强型 for 语句来实现:

```
for(ShangPin p : shangPinLieBiao) {
    System.out.println("" + p.getBianHao() + "\t" + p.getMingCheng() + "\t\t" +
p.getJiaGe() + "\t" + p.getKuCun() + "\t" + p.getMiaoShu() + "\t\t" + p.getShiJian
```

```
());
}
```

这里 shangPinLieBiao 是一个 ArrayList<ShangPin>集合，因此循环变量 p 也要定义为 ShangPin 类型。通过循环，p 依次获取集合中的每个元素，并对每一个元素执行循环体中的输出语句。

五、实现任务

为了完成第三大点中所确定的开发任务，重点是要设计订单类和订单业务类，主要包括以下几方面。

首先要设计订单类（实体类）DingDan，用以约定订单的数据构成，并实现基本的数据存取操作。其次是设计订单业务类 DingDanDao，用以生成实际的订单，并围绕订单实现点单、下单、打单等完整的点餐过程操作和流程控制。为了更好地实现在线点餐等业务，以及简化和优化代码，我们需要在 ShanPinDao 类和 HuiYuanDao 类中添加一些必要的方法，然后在订单业务类中加以调用。最后需要在 Menu 类的主方法的我要点餐菜单项之下，调用 DingDanDao 类中的点餐过程方法，从而实现在线点餐功能。

我们可以这样编程实现：

1. 设计订单类（实体类）：根据第二大点中关于订单的构成分析，我们应在订单类中定义若干成员属性，应包含购物车、各种合计数据和会员信息等这几方面的数据。同时，为这些属性定义相应 Setter 方法和 Getter 方法。

阶段代码 16 订单类（实体类）的设计。

```
public class DingDan {                                         //类名为 DingDan
    private HuiYuan huiYuan;                                   // 会员
    private HashMap<ShangPin, Integer> gouWuChe =
    new HashMap<ShangPin, Integer>();  // 购物车（即“商品-数量”的键值对）
    private int biShu;                                         // 笔数
    private int zongShuLiang;                                  // 总数量
    private double zongJinE;                                   // 总金额
    ……
}
```

注意，购物车要体现“商品-数量”的对应关系，所以应定义为 HashMap 集合；会员信息则用一个 HuiYuan 对象来表示；其余属性为所有有必要的统计数据。而没有必要的统计数据则不必定义为成员属性，如每个商品的金额小计、折后总金额、积分等。

2. 设计订单业务类：针对订单类的业务操作，应定义一个相应的订单业务类。在订单业务类中，应定义一个成员属性，用于创建和保存订单。并定义若干方法用于实现订单业务操作，主要包括下单（点餐过程）、显示订单等。

阶段代码 17 订单业务类的设计。

```
public class DingDanDao {                                      //类名为 DingDanDao
```

```
    private DingDan dingDan = new DingDan();              // 订单对象
    public void dianCanGuoCheng() {                  // 方法:下单(点餐过程)
    ……
    }
    public void xianShiDingDan() {            // 方法:显示订单(打印购物小票)
    ……
    }
    ……
}
```

其中 dianCanGuoCheng 方法是订单业务类中最重要的方法,通过该方法实现对整个点餐过程的控制。该方法可调用本类或其他类中的方法来实现相应的功能,但除了 Menu 类中的方法之外,其他类都不会去调用该方法。

3. 下单(点餐过程)的算法设计:在上面的 DingDanDao 类的 dianCanGuoCheng 方法中,要按点餐过程和步骤来设计算法。可参考以下步骤。

(1)输入会员卡号并显示会员信息。

(2)循环点餐:①显示商品列表:(可略)。②选择商品,并输入购买数量。③生成"商品-购买数量"键值对并加入购物车。④修改商品库存。

(3)统计数据,然后提交订单。

(4)显示订单(打印购物小票)。

编码实现,可参考本阶段有关案例代码自行编程。

4. 按指定的格式显示订单:在上面的 DingDanDao 类的 xianShiDingDan 方法中,要按照日常生活中的购物小票的排版格式来输出各种数据,其数据一部分来源于 DingDanDao 类中的 dingDan 属性,另一部分来源于对上述数据的统计。输出时,要注意输出格式控制。

5. 关于订单操作的编码:整个点餐过程,实质上就是对订单的操作过程,其中的技术难点,是对购物车的操作。由于购物车是一个 HashMap 集合,因此关于购物车的操作会涉及到 HashMap 的一些常用方法。如表10 所示。

表 10　购物车操作中涉及到的 HashMap 常用方法

操作	用到的方法
判断购物车是否为空	isEmpty()
判断购物车中是否已存在某商品	containsKey()
获取购物车中的商品	get()
统计笔数(即商品种类数)	size()
遍历(统计数据、显示列表等)	keySet、增强型 for 循环

6. 在 Menu 类的主方法的"[1]我要点餐"菜单项之下,调用 DingDanDao 类中的

CanGuoCheng方法,从而实现在线点餐功能。

7. 其他。

(1)无论是商品列表显示还是购物车商品显示,都涉及到集合(ArrayList 或 HashMap)的遍历和输出格式控制。要注意选用合适的 for 语句、合适的输出格式控制符、转义字符,还要注意集合操作的方法和一些编程技巧了。

(2)为了简化点餐过程的代码复杂度,可以将一些相对独立的操作过程定义为方法。比如上述算法中的第一步输入会员卡号功能,可以在 DingDanDao 类中定义为一个单独的方法;而显示会员信息功能,可以在 HuiYuanDao 类中定义为一个单独的方法。然后在 DingDanDao 类的 dianCanGuoCheng 方法中调用即可,这样可以大大简化代码,提高程序可读性。

(3)在选购商品时,可能会重复选择,此时应在购物车中对该商品的购买数量进行累加,而不是简单地再添加一次"商品-购买数量"键值对。为此,需要在购物车中对当前所选购的商品进行查询,以便确定是否重复,而这一功能,可以在 ShangPinDao 类中定义为一个单独的方法,然后在 DingDanDao 类的 dianCanGuoCheng 方法中加以调用。

(4)在选购商品时,可能会有输入的购买数量超过了库存量的情况,所以应对此情况做一个判断和处理。比如可以重新输入购买数量,也可以按照剩余库存量来出售等。

(5)每选购一个商品,都要立即修改它的库存量,而不是在最后提交订单时才修改。这样做的原因是当我们重复选购某一商品时,要能保证当前的库存量是最新的并且库存大于 0;而且,最好在每次选购商品之前都要把可选购的商品(有库存的商品)显示出来,以便客户能根据当前最新的库存情况进行选购。同时,显示可选购的商品列表这一功能,也可以在 ShangPinDao 类中定义为一个单独的方法。

(6)对于 VIP 会员(黄金会员和白银会员)有打折优惠的情况,所以需要对会员的 VIP 级别进行判断和打折计算。

六、验证成果

本项目阶段的任务,通过程序设计、编码和调试,应达到以下目标。

1. 能通过主菜单中的"我要点餐"进入点餐流程。

2. 点餐过程中的人机交互功能正常,提示准确、清晰,有必要的反馈,客户体验较好。

3. 所输入、输出的数据和统计数据准确无误,表单显示正确且符合大众习惯。

4. 程序结构清晰、代码规范、关键代码和重要代码有备注,有一定的容错功能。

七、项目阶段小结

1. 本项目阶段的任务主要是实现在线点餐功能,其实质主要是要新增两个类:订单类和订单业务类。订单类的设计,要根据日常生活中的订单(购物小票)来设计,用以约定订单的数据构成及实现基本的数据存取操作。订单业务类,则用以生成实际的订单,并围绕订单实现完整的点餐过程操作和流程控制。

2. 订单及订单操作中的核心和基础是购物车。购物车应体现商品及其购买数量之间的对应关系,所以应当用 HashMap 来定义其数据类型。

3. HashMap 是一种按“键值对”(映射关系)来存放元素的动态集合,它具有无序存放、操作灵活、增删效率高等特点。它又是一个泛型类,使用时需要指定其键和值的数据类型。

4. HashMap 有很多方法,常见的增、删、改、查等方法要熟悉并会应用。

5. HashMap 的遍历,一般通过集合视图来进行,有三种方式:通过键视图 keySet 来遍历、通过值视图 values 来遍历、通过 Entry 视图 entrySet 来遍历。通常配合使用增强型的 for 语句来实现遍历操作。

6. 点餐过程步骤较多,交互复杂,涉及面广,因此其算法设计、代码结构设计及一些编程技巧,亦不容忽视。应尽可能考虑各种情况下的处理,提高容错性和程序健壮性;并尽可能完善和优化代码,提高程序的可读性。

附　录

一、项目结构图

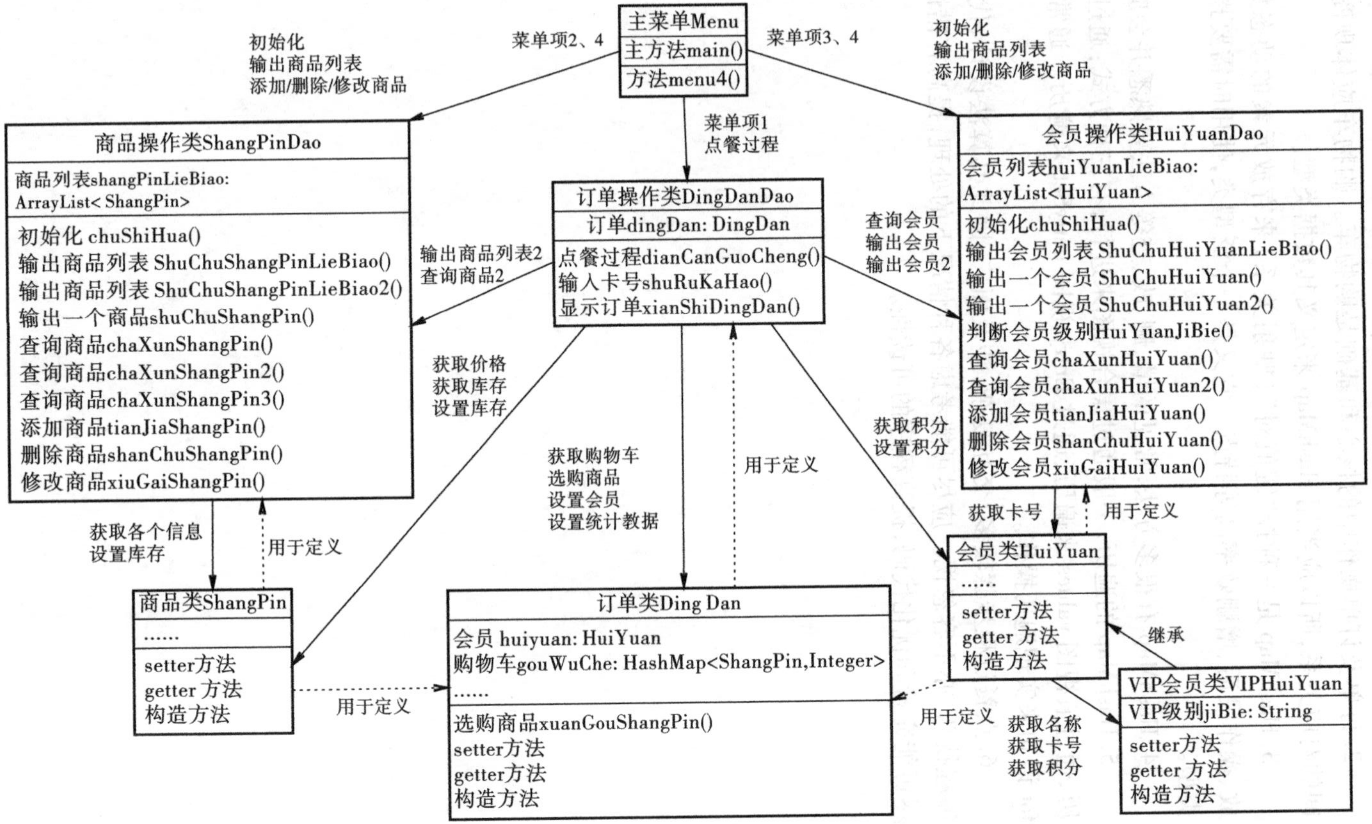

主菜单Menu
主方法main()
方法menu4()
菜单项2、4
菜单项3、4
菜单项1
点餐过程
初始化
输出商品列表
添加/删除/修改商品
初始化
输出商品列表
添加/删除/修改商品
商品操作类ShangPinDao
商品列表shangPinLieBiao:
ArrayList< ShangPin>
初始化 chuShiHua()
输出商品列表 ShuChuShangPinLieBiao()
输出商品列表 ShuChuShangPinLieBiao2()
输出一个商品shuChuShangPin()
查询商品chaXunShangPin()
查询商品chaXunShangPin2()
查询商品chaXunShangPin3()
添加商品tianJiaShangPin()
删除商品shanChuShangPin()
修改商品xiuGaiShangPin()
订单操作类DingDanDao
订单dingDan: DingDan
点餐过程dianCanGuoCheng()
输入卡号shuRuKaHao()
显示订单xianShiDingDan()
会员操作类HuiYuanDao
会员列表huiYuanLieBiao:
ArrayList<HuiYuan>
初始化chuShiHua()
输出会员列表 ShuChuHuiYuanLieBiao()
输出一个会员 ShuChuHuiYuan()
输出一个会员 ShuChuHuiYuan2()
判断会员级别HuiYuanJiBie()
查询会员chaXunHuiYuan()
查询会员chaXunHuiYuan2()
添加会员tianJiaHuiYuan()
删除会员shanChuHuiYuan()
修改会员xiuGaiHuiYuan()
输出商品列表2
查询商品2
查询会员
输出会员
输出会员2
获取价格
获取库存
设置库存
获取购物车
选购商品
设置会员
设置统计数据
用于定义
获取积分
设置积分
获取卡号
用于定义
获取各个信息
设置库存
用于定义
商品类ShangPin
......
setter方法
getter 方法
构造方法
用于定义
订单类Ding Dan
会员 huiyuan: HuiYuan
购物车gouWuChe: HashMap<ShangPin,Integer>
......
选购商品xuanGouShangPin()
setter方法
getter方法
构造方法
会员类HuiYuan
......
setter方法
getter 方法
构造方法
继承
用于定义
获取名称
获取卡号
获取积分
VIP会员类VIPHuiYuan
VIP级别jiBie: String
setter方法
getter 方法
构造方法

二、项目各阶段关键代码索引

三、课例索引

四、用图索引

五、用表索引